GUIDES DES CARRIÈRES

CARUS

LA CARRIÈRE

FORESTIÈRE

(TOUS DROITS RÉSERVÉS)

C. 35

LIBRAIRIE CARUS
108, Rue Erlanger, PARIS, XVIᵉ

LA
CARRIÈRE FORESTIÈRE

PREMIÈRE PARTIE

La Carrière Forestière

Introduction

À la fin du mois d'août dernier, au moment où la sécheresse sévissait avec continuité, les journaux entretenaient quotidiennement leurs lecteurs des ravages causés par le feu aux forêts. L'attention du public était attirée du côté des choses forestières, mais en dehors des propriétaires de bois ou des touristes intéressés à la protection des sites, la question échappait en général à la masse. Et, s'il était fait allusion incidemment dans les colonnes de la presse à l'Administration des Eaux et Forêts, bien des personnes se demandaient quelles pouvaient être exactement les attributions de cette administration publique, dont le nom évocateur situe bien en somme la fonction, mais dont la mission précise est assez peu connue.

Il paraît utile de combler cette lacune, afin de permettre aux jeunes gens qui sont encore dans la période d'orientation professionnelle de discerner si la carrière forestière est susceptible de convenir à leur tempérament, à leurs aspirations et à leurs goûts.

L'Administration des Eaux et Forêts

I. — Historique

Les fonctions forestières sont des plus anciennes.

Il existait déjà des forestiers à l'époque gallo-romaine et sous les rois mérovingiens et carolingiens. Les Capitulaires de Charlemagne ont fait parvenir jusqu'à nous le nom de certains magistrats chargés de la surveillance des forêts royales et seigneuriales ; mais ces forestiers avaient surtout des attributions cynégétiques et l'on a pu dire, non sans raison, que c'est au plaisir de la chasse que l'on doit l'adoption des premières mesures conservatoires des forêts.

Il faut attendre le xiii° siècle pour voir se dessiner le caractère d'utilité publique des fonctions de ces officiers, caractère qui se précisera dans la suite. Les maîtrises des Eaux et Forêts furent créées en 1318 par ordonnance de Philippe-le-Long. On avait été en effet amené progressivement, en raison des besoins croissants de bois, à réglementer la jouissance des nombreuses personnes qui avaient obtenu par libéralité des seigneurs la concession en forêt de certains droits dits « droits d'usage » et les Officiers des Eaux et Forêts furent investis d'une juridiction sur les marchands de bois et les usagers.

Ce double caractère de juge et d'administrateur se rencontrera jusqu'à la Révolution chez les officiers forestiers. Les maîtrises étaient organisées comme de véritables tribunaux; on portait l'appel des jugements rendus par les officiers des Eaux et Forêts devant la table de marbre du Parlement, juridiction fameuse présidée par le Grand Maître des Eaux et Forêts.

L'Assemblée Constituante supprima les maîtrises en tant que juridictions. La loi du 29 septembre 1793 les remplaça définitivement par une administration nouvelle dénommée : « Conservation Générale des Forêts », dont la durée fut éphémère, mais qui est en somme l'origine de l'Administration des Eaux et Forêts actuelle, créée en vertu de l'ordonnance du 11 octobre 1820.

II. — Organisation actuelle

En France, la gestion et la surveillance des forêts de l'État et des forêts soumises au régime forestier appartenant aux communes et aux Établissements publics, sont confiées à l'Administration des Eaux et Forêts, qui relève du Ministère de l'Agriculture. Cette Administration est, en outre, chargée de la surveillance de la chasse, de la police de la pêche sur les cours d'eau non navigables ni flottables, ainsi que de la poursuite des délits forestiers, de chasse et de pêche.

L'Administration des Eaux et Forêts comprend un Service central, la Direction Générale des Eaux et Forêts, 78, rue de Varenne, à Paris, et des services extérieurs dans les départements. La France est divisée, à cet effet, en 35 Conservations forestières, formées chacune d'un ou plusieurs départements, suivant l'importance des forêts domaniales et communales ou d'établissements publics existant dans chacun d'eux. Les Conservations se subdivisent en Inspections et les inspections comportent un certain nombre de brigades, groupées ou non en cantonnements, et formées elles-mêmes de la réunion des triages.

L'Algérie, la Tunisie, le Maroc ont des Directions des Forêts relevant du Gouverneur ou du Résident Général et dont le personnel officier est constitué par des officiers forestiers détachés de la métropole.

Plusieurs colonies (Indo-Chine, Madagascar, Afrique Orientale Française, Afrique Orientale française, Cameroun, Guadeloupe) ont un service forestier local constitué tant par des éléments détachés de la métropole et mis à la disposition du Ministère des Colonies, que par des fonctionnaires recrutés spécialement pour le service forestier de la colonie intéressée.

Hiérarchie et Attributions du Personnel

La cellule administrative forestière la plus simple est le *triage* : c'est la circonscription sur laquelle s'exercent l'action et la responsabilité du garde forestier. Dans son triage, dont l'étendue varie, suivant la densité boisée soumise au régime forestier, d'une fraction d'un territoire communal à la superficie de plusieurs communes, d'un canton, voire même d'un arrondissement, le garde doit surveiller les forêts domaniales et communales qui lui sont confiées, et veiller même en dehors de ces forêts à l'observation des lois et règlements sur la police de la chasse et sur celle de la pêche en ce qui concerne les petits cours d'eau. Ils ont en outre des attributions plus spéciales de gestions comprenant notamment la surveillance des exploitations et la marque des coupes sous la direction des officiers forestiers.

Les brigadiers contrôlent le service des gardes, surveillent leur conduite administrative et privée, leur donnent de leur propre initiative ou leur transmettent tous les ordres relatifs au service. Ils fournissent aux chefs de service tous les renseignements et informations concernant le service et se livrent aux enquêtes dont ils sont chargés. Cette question des attributions des brigadiers et des gardes sera reprise dans un des chapitres suivants avec les développements nécessaires.

Les préposés forestiers (brigadiers et gardes) sont placés sous les ordres des officiers des Eaux et Forêts.

Les Inspecteurs et Inspecteurs-adjoints, chefs de service, administrent, sous la direction du Conservateur, un groupe de brigades et leur action s'étend sur une surface territoriale variable d'une partie d'arrondissement à un ou plusieurs arrondissements et sur le personnel subalterne (brigadiers et gardes) répartis sur cette circonscription.

Les chefs de service sont secondés par des officiers adjoints (inspecteurs-adjoints et gardes généraux) plus spécialement chargés de contrôler le service des brigadiers et des gardes, la surveillance des exploitations et des travaux, d'effectuer les opérations forestières d'importance et de procéder à la recherche de tous les éléments nécessaires au chef de service pour traiter les affaires dont l'instruction lui est demandée.

Le Conservateur des Eaux et Forêts administre l'arrondissement qui lui est confié conformément aux lois, règlements et directives donnés par l'Administration Centrale. Il adresse à l'Administration toutes propositions relatives aux nominations, décisions, ouvertures de crédits, etc..., pour lesquelles il n'a pas reçu délégation. Ordonnateur secondaire, il mandate au nom des intéressés les sommes qui leur sont dues à titre de traitements, salaires, indemnités, paiements de travaux et de fournitures. Il représente l'Administration forestière, directement ou par l'entremise de ses subordonnés à tous les échelons, auprès de tous les pouvoirs et services locaux, d'ordre administratif, judiciaire et militaire. Au point de vue judiciaire, il convient de signaler que les Officiers des Eaux et Forêts sont chargés de l'exercice de l'action publique en matière forestière pour les délits commis dans les bois soumis au régime forestier, ainsi qu'en matière de pêche fluviale, devant les tribunaux judiciaires compétents. Il y a ainsi concurrence d'attributions entre eux et les magistrats du ministère public.

Les Conservateurs des Eaux et Forêts sont choisis parmi les inspecteurs portés au tableau d'avancement pour ce grade et sont nommés par décret.

L'exécution de tous travaux d'écritures et de copies, la tenue des registres d'ordre et de comptabilité, le classement des archives sont confiés, dans les bureaux des Conservateurs et des chefs de service, aux Commis et Commis principaux des Eaux et Forêts qui constituent un cadre dit sédentaire, par opposition au cadre actif des gardes et des brigadiers. Tous les mandats de paiement du personnel forestier, des ouvriers et des fournisseurs du service des forêts sont établis, sous la surveillance des Conservateurs et des Inspecteurs, par leurs commis, dont les fonctions exigent par suite, des connaissances spéciales en droit administratif et forestier, en arithmétique et en comptabilité, en sylviculture et en géographie. Ces connaissances nécessaires constituent la matière de l'examen imposé aux candidats à l'emploi de Commis des Eaux et Forêts, emploi classé par la loi du 31 janvier 1923 dans la deuxième catégorie des emplois réservés aux anciens militaires et aux réformés de guerre.

L'ensemble du service est contrôlé par les Inspecteurs généraux des Eaux et Forêts qui, au nombre de trois, sont les délégués du Ministre. Les Inspecteurs généraux reçoivent mission, chaque année, de vérifier un certain nombre de Conservations ; ils exécutent également des missions spéciales et en rendent compte par rapports. Ils font partie du Conseil d'Administration des Eaux et Forêts, que préside le Ministre et, à son défaut, le Directeur Général des Eaux et Forêts, et qui comprend comme membres les Conservateurs chargés des bureaux et services de l'Administration Centrale.

En résumé, l'Administration des Eaux et Forêts comprend donc un personnel supérieur (officiers) et un personnel subalterne constitué par des préposés du service actif (gardes et brigadiers) et par des préposés du service sédentaire (commis et commis principaux).

III. — Recrutement du Personnel

Recrutement des Officiers

Les Officiers des Eaux et Forêts sont recrutés :

a) parmi les élèves sortant de l'Ecole Nationale des Eaux et Forêts de Nancy ;

b) parmi les élèves sortant de l'Ecole secondaire des Barres ;

c) parmi les brigadiers ayant satisfait aux épreuves d'un concours direct en vue de leur promotion au grade de Garde général.

A. — ECOLE NATIONALE DES EAUX ET FORÊTS DE NANCY

Les Elèves de cette école se recrutent chaque année, parmi les élèves diplômés de l'Institut National Agronomique et parmi les élèves sortant de l'Ecole Polytechnique reconnus aptes, les uns et les autres, au service armé (décret du 22 juin 1927, art. 1er).

Les premiers doivent avoir moins de 23 ans au 1er janvier de l'année d'entrée à l'école de Nancy ; cette limite d'âge étant reculée du temps passé sous les drapeaux pour les jeunes gens ayant satisfait à la loi militaire.

Deux ou trois places sont réservées chaque année à l'Ecole forestière de Nancy à des élèves sortant de l'Ecole Polytechnique.

Le nombre maximum des élèves admis chaque année à l'Ecole nationale des Eaux et Forêts pour le service forestier métropolitain et algérien est actuellement fixé à 18. Le Maroc et les Colonies peuvent demander en outre, chaque année, l'admission à l'Ecole de Nancy du nombre d'élèves nécessaires au recrutement de leurs services forestiers.

La durée des études à l'Ecole nationale des Eaux et Forêts est de deux années, à l'issue desquelles les élèves qui ont satisfait aux examens de sortie sont nommés gardes généraux des Eaux et Forêts.

L'Ecole Nationale des Eaux et Forêts, créée par ordonnances du 28 août et du 1er décembre 1824, aura dans quelques mois un siècle d'existence. Le centenaire de la fondation de cet établissement, de réputation mondiale, marque une date importante dans les annales de la science forestière, car c'est à Nancy qu'ont été élaborées et perfectionnées sans cesse par des maîtres éminents les méthodes rationnelles de la gestion forestière

B. — Ecole secondaire des Barres

L'Ecole secondaire instituée au domaine des Barres, par Nogent-sur-Vernisson (Loiret), est ouverte par voie de concours aux brigadiers et gardes des Eaux et Forêts âgés de 35 ans au plus au 1er janvier de l'année du concours et comptant, au 1er octobre de cette même année au moins trois ans de services actifs dans l'Administration des Eaux et Forêts, services dont le point de départ est fixé au premier jour du mois de la nomination à l'emploi actif de début dans l'Administration forestière. La limite d'âge de 35 ans est prorogée toutefois d'un temps égal à celui passé par les candidats sous les drapeaux pendant la guerre, en sus de leur temps de service légal pour les « appelés » et en sus du temps pour lequel ils étaient liés au service pour les « engagés » et « rengagés » (Arrêté ministériel du 20 juillet 1922).

Le programme des connaissances exigées pour l'admission à l'Ecole secondaire des Barres figure au texte de l'arrêté ministériel du 10 février 1897.

Le nombre des élèves à admettre chaque année à cette Ecole est fixé conformément aux dispositions du décret du 16 octobre 1901 (il varie de 6 à 10).

La durée des études est de deux années, à l'issue desquelles les élèves ayant satisfait aux examens de sortie sont promus au grade de garde général.

(Il convient de noter que les cours (d'une durée de 10 mois) donnés à une autre *Ecole dite d'enseignement technique et professionnel*, également instituée au domaine des Barres, constituent pour les gardes et brigadiers déjà en fonctions et qui se destinent par la suite aux emplois supérieurs de l'Administration des Eaux et Forêts, une excellente préparation au concours d'admission à l'Ecole secondaire. Les conditions et règles d'admission à l'Ecole d'enseignement technique et professionnel des Barres sont énumérées aux textes des arrêtés ministériels des 9 juin 1914, 8 mars 1921 et 20 juillet 1922).

C. — Concours des Brigadiers pour le grade de Garde général.

Les promotions des brigadiers des Eaux et Forêts au grade de garde général ont lieu à la suite d'un concours dont les conditions ont été déterminées par le décret du 20 août 1912, fixant le statut du personnel des Eaux et Forêts et par les arrêtés ministériels des 19 septembre 1912, 15 juillet 1914 et 8 mars 1921.

Pour prendre part aux épreuves qui ont lieu chaque année dans le courant du mois d'octobre, les candidats doivent compter dans l'année du concours au moins 10 ans de services forestiers, dont 5 ans dans les fonctions actives.

Les épreuves du concours sont soumises à un Comité spécial qui arrête la liste des candidats à porter au tableau d'avancement pour le grade de garde général.

Recrutement des Gardes et Brigadiers

A. — Gardes

Il existe actuellement deux catégories de gardes des Eaux et Forêts du service actif : les gardes domaniaux et les gardes auxiliaires.

1° *Gardes domaniaux des Eaux et Forêts.*

Les emplois de garde domanial des Eaux et Forêts sont réservés, pour la totalité des vacances :

a) Par droit de préférence pendant une période de 5 années (loi du 30 janvier 1923) aux anciens militaires pensionnés définitifs ou temporaires par suite de blessures reçues ou de maladies contractées ou aggravées par le fait ou à l'occasion du service au cours de la guerre de 1914-1919, remplissant les conditions d'aptitude physique et professionnelle fixées par le règlement d'administration publique du 13 juillet 1923, publié au *Journal Officiel* du 25 du même mois (page 7.160). Les seules infirmités admises sont : les blessures légères de la face et celles intéressant les organes génitaux, sous réserve que ces dernières seront reconnues compatibles avec l'emploi. Les candidats doivent avoir, en outre, une santé robuste.

b) Aux militaires, engagés, ou rengagés, et aux marins, comptant au minimum 4 années de service, âgés de moins de 40 ans et présentés par la Commission de classement du Ministère de la Guerre et des Pensions (lois des 21 mars 1905 et 8 août 1913).

A défaut de candidats militaires classés seulement :

c) Aux fils d'officiers ou de préposés des Eaux et Forêts, dûment agréés.

d) Aux gardes forestiers auxiliaires remplissant certaines conditions d'âge, d'ancienneté de service et d'aptitude, *e)* Aux gardes des Eaux et Forêts du cadre algérien comptant au moins 4 années de services dans la colonie.

Les candidats militaires doivent adresser leur demande au Commandant de la subdivision de région de leur domicile : par la voie hiérarchique s'ils sont encore sous les drapeaux ; par l'intermédiaire de la gendarmerie, s'ils sont libérés.

Quant aux candidats civils, ils adressent leurs demandes d'emploi à l'Officier des Eaux et Forêts le plus proche de leur résidence. (Il convient d'observer du reste qu'en raison du nombre des candidats militaires classés ou en instance de classement, nombre qui dépasse actuellement de beaucoup celui des postes vacants, il n'est pas à prévoir que des nominations de candidats civils agréés puissent avoir lieu avant longtemps).

2° *Gardes forestiers auxiliaires.*

Les gardes forestiers auxiliaires, chargés de triages réduits, reçoivent une faible rétribution, proportionnée à l'importance des services qui leur sont demandés.

Ils n'ont pas droit aux indemnités pour charges de famille et pour cherté de vie, ni aux indemnités analogues que l'Etat accorde à ses fonctionnaires, lorsque la fonction publique constitue leur occupation principale.

La loi du 30 janvier 1923 accorde, pour la totalité des emplois de garde forestier auxiliaire, un droit de préférence pendant une période de 5 années, aux anciens militaires pensionnés définitifs ou temporaires par suite de blessures reçues ou de maladies contractées ou aggravées par le fait ou à l'occasion du service au cours de la guerre de 1914-1919, remplissant les conditions d'aptitude physique et professionnelle fixées par le règlement d'administration publique du 13 juillet 1923 susmentionné. Les infirmités compatibles sont les mêmes que pour l'emploi de garde domanial.

Les candidats militaires doivent adresser leur demande au commandant de la Subdivision de leur domicile dans les mêmes conditions que celles indiquées ci-dessus pour les candidats militaires à l'emploi de garde domanial.

Par ailleurs, et en application des dispositions de l'arrêté ministériel du 2 novembre 1923, les Conservateurs des Eaux et Forêts peuvent agréer comme gardes auxiliaires et nommer à ces emplois les candidats civils qui leur en font directement la demande et qui ont été reconnus aptes à cet emploi.

Toutefois, ces nominations ne peuvent être faites qu'à défaut de candidats militaires classés et qu'à titre temporaire (art. 5 de la loi du 30 janvier 1923) ; elles ne deviennent définitives qu'après l'expiration d'un délai de six mois, et si, pendant cette période, les emplois ainsi attribués n'ont pas été postulés par des candidats militaires classés.

B. — BRIGADIERS DES EAUX ET FORÊTS

Les promotions au grade de brigadier du service actif des Eaux et Forêts ont lieu à la suite de concours annuels qui sont subis par les gardes candidats à ce grade, dans chaque conservation.

Les conditions de ce concours sont fixées par le décret du 30 août 1912 et par les arrêtés ministériels des 7 avril 1913, 6 août 1914, 8 mars 1921 et 31 juillet 1922.

Pour prendre part aux épreuves, les intéressés doivent compter au moins six ans de services forestiers actifs et être en outre âgés de moins de 41 ans au premier juillet de l'année du concours ; cette limite d'âge étant prorogée, pour les candidats qui ont été mobilisés, d'un temps égal à celui passé par eux sous les drapeaux pendant la guerre en sus de la durée légale du service pour les « appelés » et en sus du temps pour lequel ils étaient liés au service pour les « engagés » et « rengagés. »

Les candidats au grade de brigadier ne peuvent d'autre part être promus à ce grade que s'ils figurent au tableau d'avancement annuellement dressé, postérieurement au concours par un Comité qui est constitué à cet effet dans chaque Conservation. Les gardes et commis qui ont été inscrits au tableau d'avancement pour le grade de brigadier et non promus à l'âge de 45 ans sont d'ailleurs rayés d'office du dit tableau, cette limite d'âge étant prorogée pour ceux des intéressés qui ont été mobilisés d'une façon analogue à celle indiquée ci-dessus pour les candidats eux-mêmes (décret du 22 juillet 1922).

Recrutement des Commis des Eaux et Forêts

Les emplois de commis des Eaux et Forêts (anciennement appelés gardes et brigadiers sédentaires) sont réservés :

a) Par droit de préférence et pour la totalité des vacances, aux militaires réformés N° 1 ou retraités par suite d'infirmités résultant de blessures reçues ou de maladies contractées devant l'ennemi au cours de la guerre de 1914-1919 (loi du 17 avril 1916) et aux pensionnés définitifs ou temporaires par suite de blessures reçues ou de maladies contractées ou aggravées par le fait ou à l'occasion du service au cours de la même guerre (loi du 30 janvier 1923).

Les décrets des 14 juillet 1916 et 13 juillet 1923 portant réglements d'administration publique pour l'application des deux lois précitées fixent les conditions d'aptitude physique et professionnelle exigées et donnent dans les tableaux annexés l'indication détaillée des blessures ou infirmités compatibles avec cet emploi. Le *Journal Officiel* du 18 octobre 1923 publie, en outre, un arrêté relatif aux épreuves écrites et orales à subir par les candidats.

b) A défaut de candidats de la précédente catégorie, aux sous-officiers engagés ou rengagés comptant au moins 10 années de service dont 4 dans le grade de sous-officier et présentés par la Commission de classement du Ministère de la Guerre et des Pensions (loi des 21 mars 1905 et 8 avril 1913).

Les demandes des candidats doivent être adressées au commandant de la subdivision de leur domicile par la voie hiérarchique, s'ils sont encore sous les drapeaux et par l'intermédiaire de la gendarmerie s'ils sont libérés.

Ce n'est qu'à défaut de candidats appartenant à l'une ou à l'autre des catégories précitées que des emplois de commis des Eaux et Forêts pourraient être attribués à des candidats civils. Mais cette éventualité n'est pas à prévoir actuellement, en raison du grand nombre de candidats militaires.

IV. — Traitements et avantages spéciaux

Traitements

Les gardes des Eaux et Forêts débutent, à la 6° classe de ce grade, au traitement de 6.900 francs par an. Les traitements correspondants aux classes suivantes sont respectivement de :

7.400 fr. pour la 5° classe ; 7.900 fr. pour la 4° classe ; 8.400 fr. pour la 3° classe ; 9.000 fr. pour la 2° classe ; 9.600 fr. pour la première classe.

Le traitement des *Brigadiers* est fixé à :

9.000 fr. pour la 4° classe ; 10.500 fr. pour la 3° classe ; 12.000 fr. pour la 2° classe ; 13.500 fr. pour la première classe.

Les *Commis* des Eaux et Forêts débutent à 8.000 fr. (commis de 4° classe) et reçoivent successivement 8700 (3° classe), 9.400 fr. (2° classe) et 10.100 fr. (première classe).

Les *Commis principaux* ont des traitements augmentant de 500 francs par classe depuis 10.800 fr. (6° classe) jusqu'à 14.500 fr. (première classe).

Les traitements des *Officiers* des Eaux et Forêts, suivant les grades, sont :

Elève garde général	9.000 fr.
Garde général de 3° classe	12.000 fr.
Garde général de 2° classe	13.500 fr.
Garde général de 1re classe	15.000 fr.
Inspecteurs-adjoints de 4° classe	16.500 fr.
Inspecteurs adjoints de 3° classe	18.000 fr.
Inspecteurs-adjoints de 2° classe	20.000 fr.
Inspecteurs-adjoints de 1re classe	22.000 fr.
Inspecteurs de 4° classe	24.000 fr.
Inspecteurs de 3° classe	26.000 fr.
Inspecteurs de 2° classe	28.000 fr.
Inspecteurs de 1re classe	30.000 fr.
Conservateurs de 3° classe	32.000 fr.
Conservateurs de 2° classe	36.000 fr.
Conservateurs de 1re classe	40.000 fr.
Inspecteurs généraux, 3° classe	44.000 fr.
Inspecteurs généraux, 2° classe	47.000 fr.
Inspecteurs généraux, 1re classe	50.000 fr.

Indemnités

Officiers, Commis et Préposés des Eaux et Forêts reçoivent :

Des indemnités de résidence variables avec les localités dans lesquelles ils exercent leurs fonctions et des indemnités pour charges de famille.

S'il y a lieu, les indemnités spéciales accordées aux fonctionnaires en service dans les localités dévastées de 5 à 20 % du traitement avec majorations pour charges familiales).

Les Inspecteurs et les Chefs de cantonnement ont droit à des indemnités fixes de tournées, variables suivant les circonscriptions.

Les Brigadiers et les Gardes, titulaires de certains postes pour lesquels l'utilisation de la bicyclette est déclarée indispensable pour l'exécution du service, reçoivent une indemnité de première mise et une indemnité mensuelle d'entretien. Certains d'entre eux, dans le service des Dunes notamment, peuvent être montés et reçoivent une indemnité de monture.

Les préposés du service actif ont droit aussi à une indemnité dite « de chaussures. »

Avantages en nature

Quelques officiers et un assez grand nombre de brigadiers et de gardes sont logés gratuitement dans des maisons forestières appartenant à l'État et ont la jouissance de terrains de culture (1 hectare environ).

Tous les forestiers ont la possibilité de se procurer du bois en forêt, en l'achetant au prix d'estimation sur le parterre de la coupe.

Les préposés du service actif sont habillés par l'administration ; ils ont droit au tabac de troupe et sont soignés gratuitement dans les hôpitaux militaires. Ils ont droit, comme les officiers d'ailleurs, à une réduction de 50 pour cent sur les chemins de fer.

Retraites

Les officiers des Eaux et Forêts, jusqu'au grade d'Inspecteur inclusivement, les préposés du service actif (brigadiers et gardes) et les Commis ayant appartenu à l'ancien cadre après 25 ans de services, au minimum, et 50 ans d'âge ; celle-ci est liquidée conformément aux dispositions de la loi du 25 juin 1914.

Leurs retraites sont actuellement majorées, conformément aux dispositions de la loi du 25 mars 1920. Les petits retraités de l'État ont droit, en outre, aux indemnités exceptionnelles de cherté de vie instituées par la loi du 12 avril 1922.

Les Conservateurs des Eaux et Forêts et les Commis n'ayant pas appartenu à l'ancien cadre sédentaire voient leurs retraites liquidées conformément aux dispositions de la loi du 9 juin 1863 ; ils doivent compter au moins 30 ans de services et 60 ans d'âge.

Les limites d'âge précitées peuvent être prorogées jusqu'à 60 ou 65 ans pour les fonctionnaires qui ont au moins 3 enfants vivants au moment où ils ont atteint l'âge normal de la retraite et qui sont en état de continuer leurs fonctions, suivant qu'ils appartiennent au cadre actif ou au cadre sédentaire. (Article III de la loi de finances du 30 juin 1923.)

Les fonctionnaires des Eaux et Forêts sont astreints, pour le service des Pensions civiles, à une retenue de 5 % sur leur traitement brut, et à une retenue du premier douzième de leur traitement primitif et de toute augmentation ultérieure.

Statut du Personnel

Avancement

Les règles de l'avancement sont posées dans le décret du 30 août 1912 qui constitue le statut du corps forestier.

Aucun officier, commis ou préposé ne peut recevoir un avancement de grade ou de classe s'il ne figure au tableau d'avancement. Toutefois, il est fait exception à cette règle pour les promotions aux grades qui s'obtiennent à la sortie des Écoles (Écoles forestières de Nancy et des Barres.

Aucun officier, commis ou préposé ne peut être promu à une classe supérieure s'il ne compte au moins deux ans d'ancienneté dans sa classe. Toutefois, si une promotion de grade n'a pas entraîné une augmentation de traitement, l'ancienneté dans la classe du nouveau grade se compte à dater du jour de la nomination à la dernière classe attribuée dans le grade précédent.

Les avancements de classe sont attribués, moitié au choix et moitié à l'ancienneté.

Les avancements de grade sont attribués, savoir : pour les grades d'Inspecteur et de Conservateur, exclusivement au choix.

Pour le grade d'Inspecteur-Adjoint, moitié au choix et moitié à l'ancienneté.

Pour le grade de Commis principal, moitié au choix et moitié à l'ancienneté.

Les promotions de Brigadiers et de Commis au grade de Garde général ont lieu à la suite d'un concours dont les conditions sont fixées par arrêté ministériel, ainsi que cela a été exposé précédemment.

Il en est de même pour l'accession au grade de brigadier du service actif.

Discipline

Au point de vue de l'application de peines disciplinaires, le personnel de l'Administration forestière possède des garanties spéciales, consistant dans l'institution de conseils de discipline comprenant des représentants élus de chaque catégorie de personnel.

Congés

Les fonctionnaires des Eaux et Forêts ont droit à un congé annuel de quinze jours, sans retenue de traitement. Ils peuvent, en outre, obtenir un second congé de même durée avec retenue de moitié du traitement. Ces congés sont accordés par les Conservateurs des Eaux et Forêts qui en rendent compte à l'Administration. Les congés pour maladie peuvent être de trois mois à solde entière, de trois autres mois à demi-solde. Au-delà de six mois, le fonctionnaire est mis en disponibilité pour raison de santé et admis, le cas échéant, à faire valoir ses droits à la retraite.

V. — Obligations administratives des Brigadiers et des Gardes

Prestation de serment

Les Gardes des Eaux et Forêts doivent obéissance et soumission à tous leurs chefs pour tous les objets du service. Nommés par le Ministre, ils n'entrent en service qu'après avoir prêté serment et fait enregistrer leur commission au greffe du tribunal de première instance de l'arrondissement de leur résidence, et, s'il y a lieu, au greffe du tribunal des arrondissements limitrophes. L'acte de prestation de serment est dressé par le greffier qui en fait mention sur la Commission remise au garde.

Tout préposé qui change de résidence sans changer de grade doit de même faire inscrire sa commission au greffe du tribunal ou des tribunaux dans le ressort desquels il remplit ses fonctions. Il est fait mention de cet enregistrement par le Greffier sur la Commission. Cette formalité est gratuite.

Installation

Comme les gardes sont responsables des délits qu'ils n'ont pas constatés, il importe qu'en arrivant dans un triage ils en vérifient l'état, afin qu'on ne puisse pas plus tard imputer à leur négligence les délits commis antérieurement à leur prise de service. Il importe aussi au garde sortant de faire reconnaître l'état dans lequel il laisse le triage à son successeur. Cette vérification contradictoire se fait en présence du chef de cantonnement ou du brigadier délégué à cet effet. Il en est dressé un procès-verbal qui est revêtu de la signature des gardes entrant et sortant. Souvent, cette vérification contradictoire n'est pas possible : c'est le cas notamment lorsqu'un certain intervalle de temps s'écoule entre le départ d'un garde et l'arrivée de son successeur.

Les préposés doivent, avant cette vérification contradictoire, parcourir et visiter avec soin les limites des triages, les coupes et les lieux exposés aux délits, afin de signaler au chef qui procède à l'installation, les délits non reconnus. Ils profiteront de cette visite complète du triage pour se faire donner tous les renseignements indispensables sur les véritables limites des bois, la situation des exploitations, les habitudes des riverains, etc..., de manière à avoir sur les hommes et les choses qu'ils auront à surveiller des notions aussi précises que possible. Lors de leur entrée en fonctions, les préposés doivent se présenter devant le maire de leur résidence.

La reconnaissance du triage faite pour l'installation permet au nouveau garde de prendre un premier aperçu des forêts dont la surveillance lui est confiée. Il devra, au début de son service, compléter ces notions en visitant avec soin les coupes en exploitation, en s'assurant de la situation des bornes, fossés et arbres de lisière qui déterminent les limites des bois ; il parcourra les bois de particuliers afin d'en vérifier la consistance pour être à même de fournir ultérieurement tous renseignements à leur égard et de constater, le cas échéant, les défrichements qui pourraient y être faits ; il devra enfin s'attacher à reconnaître les habitudes des populations riveraines des bois, les délits les plus fréquents et les moyens employés pour les commettre.

Les préposés nouvellement installés dans un triage ne sauraient apporter trop de réserve dans leurs relations avec les habitants. Ceux qui leur font le plus d'avances sont souvent les délinquants les plus adroits. Un garde prudent saura, sans affectation de sévérité, éviter au début les connaissances intimes et ne se mêler en rien aux querelles locales, afin de conserver l'indépendance et l'impartialité qui sont indispensables à tout agent de l'autorité pour s'acquitter convenablement de ses devoirs.

MAISONS FORESTIERES

Terrains de culture

L'installation des préposés logés en maisons forestières doit être précédée d'une reconnaissance de l'état des lieux faite par le chef de cantonnement. Le logement de ces préposés est gratuit, mais ils sont tenus de s'acquitter de l'impôt des portes et fenêtres et des réparations locatives. Ils ont la jouissance du jardin et des terrains qui y sont annexés et qui ont environ un hectare. La clôture et l'entretien sont à leur charge. Ils doivent les cultiver en bons pères de famille ; les produits, destinés à l'entretien du ménage, ne doivent pas être vendus. L'ordonnance intérieure ou extérieure de la maison ne doit pas être modifiée par les préposés, à moins d'une autorisation spéciale.

A partir du jour de la notification de la décision qui le changerait de résidence ou le révoquerait, le préposé occupant ne pourra plus faire acte de propriété sur les récoltes non engrangées ; il ne pourra enlever que les récoltes engrangées au moment de son changement. Les pailles et fumiers resteront, sans indemnité, à la disposition de l'employé entrant ; ils ne pourront être détournés de leur destination dans aucun cas et sous quelque prétexte que ce soit.

L'employé entrant recevra la maison et le terrain en dépendant, dans l'état où ils se trouveront à la sortie de son prédécesseur, sans que celui-ci ou ses héritiers puissent réclamer autre chose que les frais de culture et la valeur des semences. En cas de difficulté pour la fixation des frais de culture et du prix des semences, le Conservateur statue au vu du rapport du chef de cantonnement et des observations de l'Inspecteur.

Plaque, Marteau, Registres d'Ordres

Le garde sortant doit remettre à son successeur la plaque et le marteau affecté au triage, le livret ou registre destiné à la transcription des procès-verbaux, ordres de service, etc..., et les feuilles de procès-verbaux non employées.

Les plaques des gardes et des brigadiers appartiennent à l'Administration qui les fournit. Le garde entrant n'a rien à rembourser à son prédécesseur pour la remise de cet insigne. Le marteau est affecté au triage dont il porte le numéro, mais l'acquisition en est laissée à la charge des préposés : aussi la valeur doit-elle en être remboursée au garde sortant. Le marteau des gardes est employé à marquer les chablis, volis, les souches et bois provenant de délits. Le registre remis par le préposé sortant doit être arrêté et visé par le fonctionnaire qui procède à l'installation et les deux gardes intéressés ; le nombre des feuilles de procès-verbaux laissées au préposé entrant est inscrit sur le registre, et doit représenter exactement la différence entre celui dont il justifie l'emploi. Le préposé sortant doit encore remettre à son successeur les anciens regis-

tres, les ordres généraux de service, intructions et circulaires qui lui ont été laissés par son prédécesseur, ainsi que ceux qu'il a reçus pendant la gestion.

Livret journalier

Le livret journalier est destiné à inscrire, jour par jour et sans lacune, les tournées effectuées avec indication de leur itinéraire sommaire, de l'heure du départ du poste et de l'heure de retour au poste ; les rencontres faites avec les officiers ou les préposés ; les accidents qui ont pu leur survenir pendant leur service ; la transcription des procès-verbaux de délits, la reconnaissance des chablis et volis, les délivrances dûment autorisées de harts, plants, feuilles, terres, pierres, sables, et en général, de toutes les productions du sol forestier ; les citations et significations, en désignant leur objet et le nom de la personne à qui la copie de l'exploit a été remise ; les opérations auxquelles les gardes concourent ; les travaux qui leur sont confiés. Sous peine des sanctions les plus sévères, le livret journalier doit être tenu constamment à jour.

Les ordres et instructions ayant un caractère permanent sont transcrits sur un livre spécial, dit livret d'ordres, qui est conservé dans les archives du poste.

Correspondance

Les gardes correspondent en franchise, sous bandes, avec leurs chefs ; ils jouissent, dans les mêmes conditions, de la franchise postale avec les chefs de brigades de gendarmerie dans l'étendue de leur triage : avec leurs collègues et avec les Maires, dans l'étendue de la brigade dont ils font partie et avec les chefs des brigades limitrophes.

En cas d'incendie de forêts, les préposés peuvent correspondre télégraphiquement par la voie officielle avec leurs chefs.

Pâturage

Les préposés forestiers ont le droit d'introduire au pâturage en forêt deux vaches et un suivant ; le pâturage ne doit être exercé que sous la surveillance de gardiens et dans les cantons désignés par le chef de service, qui en fait mention sur le livret des gardes.

Il est formellement interdit aux gardes de faire commerce de lait ni de beurre, ces produits devant être consommés par eux ou leur famille. Ils sont autorisés à récolter le fourrage nécessaire pour nourrir leurs vaches pendant l'hiver. Les lieux où l'herbe devra être récoltée seront désignés à chaque brigadier et garde par le chef de cantonnement ou le chef de service, qui décide si l'herbe doit être fauchée, coupée à la faucille ou arrachée à la main. Il interdit aux brigadiers et gardes de vendre ou d'échanger l'herbe ainsi récoltée, de l'employer à aucun autre usage qu'à la nourriture de leurs bestiaux et d'en abandonner quelque partie que ce soit pour prix de la coupe ou de la récolte.

Incompatibilités. — Interdictions

L'emploi de garde forestier est incompatible avec toute autre fonction administrative : non seulement les gardes ne peuvent occuper aucun emploi rétribué, mais ils ne peuvent accepter aucune fonction gratuite ; ainsi, ils ne peuvent être maires, adjoints, membres du Conseil municipal ; ils ne doivent accepter aucune mission, même temporaire, sans l'autorisation de l'Administration.

Il est interdit aux gardes de faire commerce de bois, directement ou indirectement, de prendre part aux adjudications de coupes, de chablis ou autres menus marchés, de tenir auberge ou de vendre des boissons en détail, de rien recevoir des adjudications ou de toutes autres personnes pour objet relatif à leurs fonctions, de disposer des bois, chablis ou de délits gisant en forêt et d'aucun produit forestier, de chasser ; ils ne peuvent obtenir de permis de chasse.

Les préposés forestiers poursuivis à raison des crimes ou délits commis dans l'exercice de leurs fonctions, ne peuvent être jugés que par la Cour d'Appel.

VI. — Attributions générales des Brigadiers et des Gardes

Les brigadiers et les gardes des Eaux et Forêts sont chargés de la conservation des forêts soumises au régime forestier et de la surveillance de la pêche et de la chasse. Leurs fonctions administratives se trouvent donc réparties en deux catégories : la première comportant des attributions de gestion forestière, et la seconde des attributions judiciaires ayant pour but de permettre la répression d'atteintes à la propriété forestière et des infractions aux lois et règlements sur la police de la pêche et de la chasse. Les brigadiers ont les mêmes attributions générales que les gardes, mais ces derniers sont pourvus d'un triage, c'est-à-dire d'une circonscription territoriale dans laquelle ils exercent leurs fonctions sous l'autorité des brigadiers qui ont la haute surveillance d'un certain nombre de triages groupés par brigade.

Attributions de gestion

L'État, les communes et les établissements publics ont pour régisseur légal de leurs forêts patrimoniales l'Administration des Eaux et Forêts. Ces forêts étant aménagées pour donner un revenu fixe annuel, les préposés forestiers procèdent chaque année, sous la direction des Officiers des Eaux et Forêts au « martelage » ou au « balivage » des coupes qui doivent être mises en vente, d'août à octobre, pour être exploitées pendant la période de repos de la végétation. Assistons par la pensée à une de ces opérations où l'on marque les arbres à vendre au pied.

Les gardes sont en ligne, le marteau forestier à la main. Ce marteau est un outil d'un genre spécial, mi-hachette, mi-marteau. La hachette fait sauter l'écorce, mettant à nu le bois, sur lequel aussitôt, d'un coup sec, on appose l'empreinte du marteau, composée des deux initiales (A. F.) de l'Administration forestière. Suivant que la marque est donnée au corps ou au pied de l'arbre, celui-ci est destiné à être abattu ou, au contraire, à être maintenu sur pied. L'officier forestier qui dirige l'opération indique les principes à suivre pour atteindre le but envisagé. Chaque garde choisit, dans le secteur qui lui est assigné, les arbres à mettre en vente, d'après ces directives générales. Un teneur de calepin (officier ou brigadier) se trouve en arrière de la ligne des gardes pour consigner sur un carnet spécial les appels de toutes sortes que lancent les marteleurs au fur et à mesure de leur marche en avant, afin de signaler l'essence, la hauteur et le diamètre des arbres à livrer à la cognée, ainsi que la catégorie (baliveaux modernes, anciens) de ceux qui seront conservés. Officiers et brigadiers contrôlent l'opération.

Quiconque est initié aux choses de la forêt ne peut rester insensible au souvenir de cette scène coutumière de la vie du forestier, évocatrice de la majesté des grands bois, des journées d'hiver où le tronc des vieux arbres, durci par la gelée, vibre et résonne sous le choc des marteaux, de la vigueur physique joyeusement mise au service du labeur professionnel, de l'asservissement enfin des forces de la nature aux concepts de l'esprit humain.

Aux opérations de martelage ou de balivage des coupes succèdent les travaux au cabinet pour les officiers forestiers chargés de la préparation des ventes. Enfin l'adjudication est faite et commencent les exploitations.

Les préposés forestiers surveillent chaque jour ces exploitations, afin que les abatages et le transport des produits causent le moindre dommage aux jeunes semis et aux arbres réservés, soit parce qu'ils sont trop jeunes encore, soit parce qu'ils contribueront à la régénération des massifs au moyen de leurs semences. Toutefois les précautions nécessaires à prendre sont prévues au Cahier des Charges dont les gardes doivent faire respecter les clauses, l'adjudicataire étant responsable. Les exploitations terminées, ils procèdent au récolement des coupes, c'est-à-dire qu'ils vérifient si les adjudicataires n'ont pas abattu plus d'arbres qu'il n'était marqué et s'ils ont rempli toutes leurs obligations.

Les ventes forestières effectuées à la diligence de l'Administration se font en général sur pied, mais dans certains cas, le Service forestier se transforme lui-même en exploitant. C'est le procédé de la régie, principalement en usage dans les départements de la Moselle, du Bas-Rhin et du Haut-Rhin. Le forestier devient alors un véritable entrepreneur. C'est lui qui recrute la main-d'œuvre nécessaire et qui conduit le travail comme le ferait un adjudicataire.

Le martelage des coupes dont nous avons donné un aperçu exige une préparation fréquemment assez longue. Le choix de l'emplacement où la coupe sera assise est déterminé en général par le plan d'aménagement de la forêt, mais il est aussi souvent laissé à l'appréciation du chef de service, dans un secteur déterminé. Naturellement les préposés collaboreront à la recherche des parcelles sur lesquelles les coupes devront porter de préférence, en tenant compte des règlements d'exploitation, des nécessités culturales et de diverses autres considérations imposées par la technique. Ils prendront part encore, le cas échéant, à l'exécution de travaux de topographie dont les plus fréquentes concernent l'arpentage des coupes dont les limites ne sont pas fixées sur le terrain, ou dont la division s'impose, pour quelque motif que ce soit.

Chargés comme nous l'avons dit de la conservation des forêts soumises au régime forestier, leur attention doit encore se porter sur les travaux d'amélioration et d'entretien si utiles pour maintenir ou pour conduire les massifs vers leur état normal ou pour les y maintenir. Les gardes consacrent à ces travaux tout le temps qui n'est pas absorbé par la simple surveillance et les autres exigences du service. Ici se manifeste l'opportunité des dégagements de semis pour éviter que les essences précieuses ne soient étouffées par des essences communes plus vigoureuses, là des regarnissages et des plantations sont nécessaires pour combler les vides. Ces plants sont pris dans les pépinières qu'entretiennent les préposés en se faisant aider au besoin par de la main-d'œuvre étrangère au service.

Les fonctions de gestion des préposés forestiers comprennent encore la surveillance des travaux de toute nature exécutés en forêt: travaux d'empierrement des routes, travaux d'entretien de maisons forestières, etc... effectués sous la direction des officiers des Eaux et Forêts qui ont eux-mêmes dressé les projets. Les travaux d'art prennent, dans certaines régions, une importance considérable. L'Administration des Eaux et Forêts est chargée en montagne notamment de la correction des torrents, de la protection contre les avalanches. Elle est amenée à édifier des barrages pour arrêter les érosions des berges et pour permettre le reboisement des pentes et des bassins de réception des torrents, à ouvrir des tunnels pour éviter les glissements des terrains instables, en un mot à orienter son activité du côté de l'art de l'ingénieur.

Quel que soit le genre de travail en cours d'exécution les gardes tiennent les carnets d'attachements des travaux, fournitures et transports, ainsi que les feuilles de journées des ouvriers employés à la journée.

Par ce qui précède, on peut se rendre compte que les attributions administratives des préposés sont étendues ; ce serait cependant en avoir une idée inexacte si l'on omettait de signaler qu'en dehors de leurs fonctions de surveillance dont nous parlerons plus loin, ils ont dans certains cas à s'occuper de l'exploitation elle-même de la pêche et de la chasse : élevage de poissons, déversements d'alevins, destruction d'animaux nuisibles, élevage de gibier. Ils ont aussi un rôle nouveau à jouer dans l'éducation forestière des particuliers. Ils doivent exercer autour d'eux une action de propagande et d'enseignement en matières forestière, pastorale et piscicole. Il leur appartient de guider les populations, au milieu desquelles ils vivent, dans la voie du perfectionnement des terres incultes, de la restauration des pâturages et de la mise en valeur des eaux.

Attributions judiciaires

Les attributions judiciaires des préposés sont le corollaire de leurs fonctions de surveillance. Ils représentent dans cet ordre d'idées la force sociale mise au service du droit. Ils doivent constater les délits forestiers, dégâts, abus et abroutissement commis dans leurs triages. Ils veillent à la conservation des bornes, fossés, murs, ponts, barrières de leur circonscription. En dehors des forêts, ils portent leur surveillance sur les constructions à distances prohibées des forêts, sur les scieries proches des forêts sousmises, sur les défrichements effectués dans les bois des particuliers.

La question de la protection des forêts contre l'incendie doit être encore, en été notamment, une de leurs constantes préoccupations.

Au point de vue de la police de la pêche, ils constatent les actes de pêche commis dans les cours d'eau non navigables ou navigables, mais non canalisés, pendant la période de fermeture, et tous les délits commis pendant l'ouverture de la pêche (pêche à la main, la nuit, par barrage de rivières ; empoisonnement des eaux, etc...).

En ce qui concerne la chasse, ils rechercheront spécialement dans l'étendue de l'arrondissement où ils sont commissionnés, les délits de chasse avec engins prohibés, la chasse la nuit, en temps prohibé, sans permis, le colportage du gibier en temps de fermeture, etc... En forêt, ils constatent les infractions des charges. Ils surveillent enfin les battues administratives pour la destruction des animaux nuisibles.

Au point de vue de l'exercice de la répression, les préposés forestiers sont officiers de police judiciaire, c'est-à-dire qu'ils sont investis de pouvoirs propres sur le territoire pour lequel ils sont assermentés, en ce qui concerne la recherche des infractions que nous avons très sommairement indiquées. Ils dressent des procès-verbaux qu'ils transmettent à leurs chefs hiérarchiques aux fins de poursuites devant les tribunaux de simple police ou correctionnels. Signalons à ce propos que les brigadiers peuvent être chargés d'exercer les fonctions du ministère public devant les tribunaux de simple police pour les contraventions forestières. Enfin, il rentre dans leurs attributions de prêter main-forte aux gendarmes pour la recherche des armes et délits de droit commun et pour l'arrestation des coupables. De même, ils participent à la police du roulage et à la surveillance des aéronefs au point de vue fiscal.

Pour tout ce qui précède, nous avons dit que les brigadiers avaient les mêmes attributions que les gardes. Les brigadiers ont cependant, en outre, des attributions spéciales en ce sens qu'ils sont les intermédiaires entre les gardes et les officiers forestiers. Ils exercent à ce point de vue une haute surveillance sur les garderies dépendant de leur brigade et sur la conduite administrative et privée des gardes. Ils peuvent donner à ceux-ci tous ordres motivés par l'intérêt du service. Seuls ils correspondent avec les Officiers forestiers pour tous renseignements et informations concernant le service.

CONCLUSION

Les fonctions du personnel de l'Administration des Eaux et Forêts sont donc très diverses et il est hors de doute que cette variété d'attributions constitue un attrait très marqué de la carrière forestière pour ceux qui aiment la vie active et qui s'intéressent aux choses de la nature.

DEUXIÈME PARTIE

L'enseignement oral en vue de la carrière forestière

❖ ❖ ❖

On trouvera ci-après des renseignements concernant les Ecoles de l'Etat qui préparent à la carrière forestière :
Institut National agronomique.
Ecole Polytechnique.
Ecole Nationale des Eaux et Forêts.
Ecole secondaire des Barres.

Institut National Agronomique

Conditions d'Admission

L'admission a lieu pour tous les candidats, indistinctement, à la suite d'un concours.

Depuis 1918, les femmes sont admises en qualité d'élèves régulières dans les mêmes conditions que les hommes, c'est-à-dire par voie de concours (arrêté du 6 juillet 1917).

Les candidats ont à payer un droit d'inscription de 70 francs.

Les candidats doivent justifier qu'ils sont âgés de 17 ans révolus le 1er juillet de l'année où ils se présentent.

Toute demande d'admission doit être faite sur papier timbré et adressée avant le 1er *mai*, terme de rigueur, au Directeur de l'Institut agronomique, 16, rue Claude-Bernard (Paris-5°) ; le candidat doit y faire connaître :

1° Ses titres scientifiques.
2° La langue vivante sur laquelle il désire être interrogé (s'il présente une deuxième langue, l'indiquer également).
3° S'il désire être interrogé sur l'agriculture.
4° Son adresse exacte.
5° La ville dans laquelle il désire subir les épreuves écrites du concours.
6° S'il demande une bourse.

Cette demande doit être accompagnée :

1° De l'acte de naissance du candidat.
2° D'un certificat de vaccine.
3° D'un certificat de moralité délivré par le chef de l'établissement dans lequel le candidat a accompli sa dernière année d'études, ou, à défaut, par le maire de sa dernière résidence.

4° D'une obligation souscrite sur *papier timbré* par les parents ou le tuteur du candidat, pour garantir le paiement de la rétribution scolaire.

Cette pièce doit être légalisée. Elle est exigée de tous les candidats, même de ceux qui demandent une bourse.

Les parents qui ne résident pas à Paris, ou dans le département de la Seine sont tenus d'y avoir un correspondant qui puisse les représenter auprès du Directeur de l'Ecole et surveiller la conduite des élèves en dehors de l'établissement.

La rétribution scolaire pour l'enseignement et les frais d'examen est fixée, pour les élèves entrant, à partir d'octobre 1921, à 800 francs par an, payables par semestre et d'avance à la caisse de l'établissement.

Les élèves ont à leur charge les livres et les objets qui servent à leur usage personnel ; ils doivent en outre verser au commencement de chaque année à la caisse de l'Institut agronomique, et à *titre de dépôt*, une somme de 150 francs, destinée à faire face aux dépenses occasionnées par les frais d'excursion, par le remplacement des objets détruits ou détériorés, et par les visites réglementaires du médecin de l'Ecole, en cas d'absence à un examen pour cause de maladie.

Majorations de points

Le jury du concours d'admission est nommé par le Ministre de l'Agriculture.

Le concours comprend des épreuves écrites et des épreuves orales; les épreuves écrites sont *éliminatoires*.

Aux termes de la loi du 2 août 1918, les élèves diplômés des Ecoles nationales d'agriculture et les élèves diplômés des Ecoles nationales vétérinaires bénéficient d'une majoration de points ainsi calculée :

8 pour cent du total des points qui peuvent être atteints aux épreuves écrites.

2 pour cent du total des points qui peuvent être atteints aux épreuves orales.

Il est en outre tenu compte aux autres candidats *mais à l'examen oral seulement*, de la possession de l'un des diplômes ci-après, qui leur assure les points suivants, *sans qu'il puisse y avoir cumul de ces différents titres:*

Diplôme de licencié ès-sciences .... 20 points.
Diplôme de licencié ès-lettres ou de licencié en droit .... 15 —
Certificat d'études physiques, chimiques et naturelles .... 15 —
Diplôme de l'Ecole nationale des industries agricoles de Douai ...... 12 —
Diplôme de bachelier .... 10 —
Diplôme de bachelier portant les deux mentions philosophie et mathématiques .... 12 —
Diplôme des écoles pratiques d'agriculture .... 8 —

Les compositions écrites et les réponses orales sont notées de o à 20 et leur importance relative est déterminée par les coefficients suivants :

Examen écrit

Mathématiques (comprenant l'arithmétique, l'algèbre, la géométrie, la mécanique, le calcul logarithmique, la trigonométrie) 3
Composition française 3
Sciences naturelles 3
Physique et chimie 3
Epure de géométrie descriptive 1
Dessin graphique 1
    Total 14

Examen oral

Premier examinateur: arithmétique, algèbre, trigonométrie, mécanique 2
Deuxième examinateur: géométrie, géométrie descriptive, cosmographie 2
Physique 3
Chimie 3
Sciences naturelles 3
Géographie 3
Langues vivantes 2
Epreuve facultative, connaissances en agriculture 1
    Total 18

Les candidats sont invités à porter une attention toute particulière à la rédaction des compositions. L'ordre et la méthode dans l'exposition des idées, la concision et la clarté du style seront pris en considération dans la notation. *Les fautes graves d'orthographe suffiront pour motiver l'exclusion du concours.*

Les notes des épreuves orales (obligatoires et facultatives) s'ajoutent à celles des épreuves écrites et à la note attribuée aux titres, pour déterminer le nombre total de points qui sert à établir le classement des candidats.

Epreuves écrites

Les épreuves écrites ont lieu généralement à la fin de mai dans les villes ci-après désignées, au choix des candidats ;

Alger, Bordeaux, Lyon, Nancy, Paris, Rennes, Toulouse et Rabat (Maroc).

Le temps accordé pour chacune des six compositions écrites est fixé ainsi qu'il suit :
Premier jour :

  1° Mathématiques .... 3 heures.
  2° Physique et Chimie .... 3 heures.
Deuxième jour:
  3° Composition française .... 3 heures.
  4° Sciences naturelles .... 3 heures.
Troisième jour:
  5° Epure de géométrie .... 3 heures.
  6° Dessin graphique .... 3 heures.

Epreuves orales

Les épreuves orales sont subies à *Paris, dans le courant du mois de juillet,* ces épreuves sont publiques. Elles portent sur les mêmes matières que les épreuves écrites et, en outre, sur la géographie et sur l'une des langues vivantes ci-après, ou sur deux de ces langues, au choix des candidats : anglais, allemands, espagnol et arabe:

Bourses

Chaque année sont accordées dix bourses de 1.000 francs et dix bourses consistant dans la remise de la rétribution scolaire. L'attribution en est réglée par le ministre de l'Agriculture qui tient compte, en les répartissant, de la situation de fortune et de l'ordre de classement des candidats. Les bourses de 1.000 francs peuvent être fractionnées et elles donnent droit, pour chacun des bénéficiaires de la totalité ou d'une fraction de bourse à la gratuité de l'enseignement.

Les demandes de bourses, écrites sur papier timbré, sont adressées au ministre, *au moment de l'inscription au concours d'entrée, par l'intermédiaire du préfet du département dans lequel réside la famille du candidat.* Elles doivent être accompagnées de renseignements détaillés sur les moyens d'existence, le nombre d'enfants et les autres charges des parents, ainsi que d'un relevé du rôle des contributions. Le préfet soumet le dossier de chaque demande au conseil municipal, qui prend une délibération à ce sujet. Ce dossier est ensuite transmis au Ministre avec la délibération motivée du conseil municipal et l'avis du préfet. Les justifications requises en ce qui concerne la situation de fortune de la famille sont applicables aux demandes de bourses de toutes les catégories.

Les demandes doivent être adressées au préfet au moment de l'inscription au concours pour être transmises au ministère après enquête.

Auditeurs libres

Indépendamment des élèves réguliers, l'Institut agronomique reçoit des *auditeurs libres,* qui ne sont soumis à aucune condition d'âge et sont dispensés de tout examen d'admission ; ils suivent les cours qui sont à leur convenance, mais ils n'ont entrée ni aux salles d'études, ni aux laboratoires.

Pour être reçu auditeur libre, il faut en faire la demande sur papier timbré au Directeur de l'Institut agronomique, en présentant les pièces suivantes :

1° Acte de naissance.

2° Certificat de moralité.

Les auditeurs libres payent une rétribution fixée à 300 francs par an.

L'admission est prononcée par le Directeur de l'Institut agronomique qui en rend compte au ministre.

Etrangers

Les étrangers peuvent être admis à l'Institut national agronomique, soit comme élèves, soit comme auditeurs libres; dans l'un et l'autre cas, ils sont soumis aux mêmes conditions et règles que les nationaux pour ce qui regarde l'admission, la rétribution scolaire et le séjour à l'Ecole.

Section étrangère

Il a, en outre, été créé à l'Institut national agronomique, par arrêté du 2 décembre 1911, une section étrangère pour l'admission des élèves étrangers.

Ceux-ci subissent, en effet, les épreuves d'un concours spécial qui a lieu chaque année en même temps que le concours d'admission des élèves français.

Ce concours spécial comprend exactement les mêmes épreuves que le concours d'admission des élèves français, sauf la composition française.

A la fin de ce concours, les élèves étrangers sont classés à part et entre eux.

Ils doivent, pour être admis, réunir au moins la même moyenne de points que le dernier admis des élèves français.

Le nombre des élèves admis dans cette section étrangère ne peut, chaque année, être supérieur à 10.

Ecole Polytechnique

(21, rue Descartes, à Paris)

Conditions d'Admission

Le concours a lieu chaque année à Paris et dans certains centres de province. Il dure cinq jours. Nul ne peut être admis au concours s'il n'a préalablement justifié: 1° qu'il est Français ou naturalisé Français; 2° qu'il a dix-sept ans accomplis et moins de vingt ans au 1er janvier de l'année du concours; 3° qu'il est pourvu du certificat d'aptitude à la première partie des épreuves du baccalauréat de l'enseignement secondaire, ou bien qu'il a été compris dans les cent cinquante premiers de la liste de classement d'admission à l'Ecole navale; 4° qu'il a fait en France les trois dernières années d'études qui ont précédé le concours. Les candidats devront se faire inscrire le 1er avril au plus tard à la préfecture du département où ils étudient.

Les pièces à produire pour l'inscription sont : 1° l'acte de naissance du candidat et celui de son père, revêtus des formalités prescrites par la loi; 2° une pièce attestant que le candidat est pourvu du certificat d'aptitude à la première partie des épreuves du baccalauréat de l'enseignement secondaire, ou bien qu'il a été compris dans les cent cinquante premiers de la liste de classement d'admission à l'Ecole navale; 2° un certificat médical, légalisé par le maire de la commune et constatant que le candidat n'est pas impropre à tout service militaire; 4° une désignation par écrit des centres d'examens et de compositions choisis par le candidat ou par sa famille ; 5° la déclaration de la langue obligatoire et, s'il y a lieu, de la langue facultative choisie ; 6° une déclaration sur papier libre de son représentant légal, père, mère ou tuteur, reconnaissant qu'il est en mesure de payer la pension ou, à défaut de cette déclaration, celle qu'il se mettra en instance d'obtenir une bourse.

N.-B. — La limite d'âge est reculée pour ceux qui ont pris part à la guerre. Les Alsaciens-Lorrains peuvent concourir et bénéficier de certains avantages dans certaines conditions. Des majorations de points sont accordées pour faits de guerre ou blessures.

Concours d'Admission

Le concours comporte :

Un examen écrit ;

Des examens oraux ;

Un examen d'aptitude physique.

Examen écrit

A. — *Centre des examens*

Les centres des examens écrits seront choisis par les candidats parmi les villes suivantes : Alger, Amiens, Besançon, Bordeaux, Caen, Clermont-Ferrand, Dijon, Douai, Grenoble, La Flèche, Lille, Lyon, Marseille, Montpellier, Nancy, Reims, Rennes, Rouen, Strasbourg, Toulouse, Tours, Versailles.

B. — *Nature des compositions*

Les épreuves portent seulement sur les matières du programme, qui sont toutes exigibles.

Les compositions écrites comprennent :

	Durée des Compositions
1° Une première composition de mathématiques	4 h.
2° Une deuxième composition de mathématiques	4 h.
3° Une épure de géométrie descriptive	4 h.
4° Un calcul	1 h.
5° Une composition de physique	3 h.
6° Une composition de chimie	3 h.
7° Un dessin d'après la bosse	3 h.
8° Un dessin graphique	3 h.
9° Une composition française	4 h.
10° Langue vivante obligatoire (anglais, allemand ou russe), version	1 h. 1/2

11° Langue vivante facultative supplémen-
mentaire (thème) .... 1 h. 1/2

Dans l'exécution de l'épure (3°), l'emploi du pistolet est interdit.

La composition de calcul numérique (4°) peut porter sur toutes les parties du programme ; elle comporte l'usage de la règle à calcul et des tables centésimales à cinq décimales.

La composition de dessin graphique (8°) consiste dans l'exécution, à une échelle donnée, d'un croquis coté d'architecture ou de machines, dont certaines parties peuvent être couvertes de teintes conventionnelles.

La composition de dessin d'imitation consiste dans le dessin, d'après la bosse, d'un modèle de la collection des lycées. La désignation du modèle sera insérée au « Journal officiel » environ un mois avant la date de la composition.

Dans l'appréciation du dessin, la justesse de l'œil dans la mise en place des grandes masses recevra une importance plus grande que l'habileté manuelle et la recherche des détails.

C. — *Dates des épreuves*

Les compositions commenceront le jeudi 1er juin. Elles seront faites sur les mêmes sujets simultanément dans tous les centres.

Aucun candidat ne sera autorisé à composer à une autre époque.

Examen oral

Les examens oraux comprennent des examens d'admissibilité ou du premier degré et des examens du second degré. Sont dispensés des examens du premier degré les candidats admissibles des concours précédents, à moins qu'ils n'aient été privés de cet avantage par une décision du jury du classement d'admission institué par l'article 12 du décret du 13 mars 1894.

Les épreuves portent sur les matières du programme. Toutes les matières comprises dans ce programme sont exigibles.

A. — *Centres d'examens*

Tous les examens oraux auront lieu à Paris.

B. — *Nature des épreuves*

EXAMENS DU PREMIER DEGRÉ. — Les examens oraux du premier degré portent sur les mathématiques. Ils servent, avec les compositions écrites de mathématiques, de physique, de chimie et de géométrie descriptive, à éliminer des examens oraux du second degré les candidats insuffisants. Les candidats non éliminés sont déclarés admissibles.

Les examinateurs du premier degré sont au nombre de trois, mais chaque candidat ne sera interrogé que par deux d'entre eux au plus. Pour partager uniformément les charges, les candidats seront répartis par la voie du sort entre les trois groupes différents qu'ils est possible de former avec les trois examinateurs pris deux à deux.

L'ordre de passage sera également fixé par la voie du sort.

EXAMENS DU SECOND DEGRÉ. — Les examens du second degré servent, concurremment avec les compositions écrites, l'examen d'aptitude physique et les majorations, à déterminer le classement par ordre de mérite, des candidats admissibles.

Ils comportent les interrogations suivantes :
Mathématiques :
    Premier examinateur, coeff. 25 ;
    Deuxième examinateur, coeff. 25 ;
Physique, coeff. 14 ;
Chimie, coeff. 7 ;
Langue vivante (allemand, anglais ou russe), 5.

Examen d'aptitude physique

A. — *Nature des épreuves*

L'examen d'aptitude physique comporte les épreuves suivantes :

A) Education physique :
  1° Course de 100 mètres ;
  2° Course de 1.000 mètres ;
  3° Saut en hauteur avec élan ;
  4° Saut en longueur avec élan ;
  5° Rétablissement et grimper à la corde;
  6° Lancer du bras le plus faible ;
  7° Natation (facultative).

B) Escrime ;
C) Equitation.

B. — *Exécution des épreuves*

L'examen d'aptitude physique a lieu avant ou après l'examen oral du 2e degré ; il est subi devant un jury spécial.

Les candidats qui, par suite de blessures de guerre ou d'infirmités contractées aux armées, ne pourraient passer certaines épreuves d'aptitude physique, en seront dispensés.

Il leur sera attribué pour ces épreuves ou parties d'épreuves la moyenne des notes obtenues par eux dans les autres épreuves d'aptitude physique.

Au cas où ces candidats ne pourraient subir aucune épreuve d'aptitude physique, la note sera égale à la note moyenne de leur examen d'admission (écrit et oral).

L'inaptitude à prendre part à ces épreuves sera constatée par un certificat médical. Les candidats seront examinés en présence d'un membre du jury d'examen d'aptitude physique par un médecin militaire qui donnera son avis sur ceux des mouvements exigés dont il y aura lieu de les dispenser.

Il reste entendu qu'à la sortie de l'Ecole, l'admission de ces jeunes gens dans les services de l'Etat restera subordonnée aux conditions d'aptitude physique spéciales à chacun de ces services.

Ecole Nationale des Eaux et Forêts de Nancy

(Rue Girardet, 12)

———

Cette école est spécialement destinée à assurer le recrutement du personnel supérieur de l'Administration des Eaux et Forêts tant en France que dans les colonies.

Les connaissances nécessaires à un bon administrateur forestier sont devenues si variées que les matières autrefois enseignées à l'Ecole ne pouvaient plus trouver place dans les 2 années d'études instituées à l'origine. C'est pourquoi, le décret du 9 janvier 1888 a fait une obligation aux futurs forestiers d'aller acquérir à l'Institut agronomique le premier degré de leur instruction spéciale. L'Enseignement de l'Ecole de Nancy se trouvant ainsi dégagé des notions fondamentales acquises à l'Institut peut s'appliquer maintenant d'une manière plus complète et plus approfondie à l'étude de la gestion scientifique et économique des Eaux et Forêts.

Cet enseignement embrasse :

1° *Les sciences forestières,* comprenant la sylviculture, la technologie forestière, la dendrométrie, l'économie forestière, enfin l'histoire de la science forestière (150 leçons d'une heure et demie).

2° *Les sciences naturelles appliquées,* consistant dans les applications aux Eaux et Forêts de la botanique, de la minéralogie et de la géologie, de la zoologie et spécialement de l'entomologie et de la pisciculture (150 leçons d'une heure et demie).

3° *La législation forestière* qui s'étend bien au-delà des limites du code forestier de 1827, et comprend des parties importantes du droit civil, du droit administratif, du droit pénal, la législation des travaux publics appliquée à la restauration des montagnes, la pêche, la chasse et la destruction des animaux nuisibles (100 leçons d'une heure et demie).

4° *Les mathématiques appliquées,* concernant la topographie, les moyens de transports en forêt (routes, chemins de fer, câbles, etc...), des notions de mécanique appliquée, la construction des ponts, scieries et bâtiments forestiers, enfin la correction des torrents (100 leçons d'une heure et demie, non compris le dessin graphique).

5° *Les langues vivantes,* relativement à la lecture et à l'explication des auteurs forestiers allemands ou anglais (40 leçons d'une heure et demie).

6° *L'art militaire,* pour l'ensemble des connaissances indispensables à des officiers qui doivent prendre rang, en temps de guerre, dans l'armée nationale.

Chaque année d'école est divisée en 2 parties : le semestre d'hiver du 15 octobre au 15 avril (6 mois) employé aux cours, aux travaux de laboratoire et aux études pratiques à Nancy et aux environs, le semestre d'été, à partir du 15 avril, consacré aux applications faites au dehors (2 mois et demi environ) à la préparation de l'examen de fin d'année et à cet examen même (1 mois).

Pendant le semestre d'hiver, 1 jour par semaine est consacré à l'instruction pratique des élèves ; les autres jours sont occupés par les cours et études. Dans les bâtiments de l'Ecole se trouvent des collections importantes d'histoire naturelle, de bois, de produits forestiers et de modèles divers, qui sont utilisés sous la direction des professeurs. A l'Ecole sont annexés un arboretum, un établissement de pisciculture, des pépinières et des laboratoires. Une bibliothèque considérable renferme la plupart des ouvrages français et étrangers qui ont paru sur les matières forestières.

Les applications sur le terrain ont lieu soit aux environs de Nancy, soit dans d'autres régions de la France. C'est ainsi que la division de 2° année prépare des projets d'aménagement de forêts feuillues et résineuses, puis étudie dans les Alpes la correction des torrents ; pareillement, les élèves de 1re année visitent les Vosges, le Jura, les futaies des bords de la Loire et du Centre, les pineraies des Landes, etc...

Bien que le régime de l'Ecole soit l'internat, les élèves jouissent d'une assez grande liberté, analogue à celle des officiers, élèves de l'Ecole de Fontainebleau; ils prennent leurs repas en dehors de l'Etablissement et ils peuvent après ces repas prendre leurs récréations en ville, ils ont leurs soirées libres. Ils sont astreints à l'uniforme et portent le sabre.

Le classement des élèves s'opère d'après les notes obtenues pour les examens et les travaux pratiques. Il y a chaque année deux classements : l'un à la fin du semestre d'hiver, l'autre après les applications sur le terrain et l'examen général. Pour celui-ci, les résultats du classement de fin de semestre sont comptés pour moitié.

L'exclusion est prononcée à l'égard de tout élève qui ne réunit pas un nombre de points égal à la moitié du nombre total maximum afférent à l'année correspondante. Il en est de même à l'égard de ceux qui n'auraient pas atteint la cote 8 sur 20 en sciences forestières ou en sciences naturelles, et la cote 6 pour les autres matières de l'enseignement. Après avoir subi dans ces conditions les examens de chaque année, les élèves sont classés pour la sortie en additionnant les points obtenus en première et deuxième année ; c'est suivant ce classement qu'ils sont admis à choisir leur résidence de stage sur une liste dressée par l'Administration, enfin ceux qui obtiennent dans l'ensemble des notations une moyenne générale de 15 ont immédiatement le grade et les émoluments de garde général de 2° classe.

Les jeunes gens qui ont passé par l'Ecole des Eaux et Forêts atteignent vers 40 ans le grade d'Inspecteur, la plupart arrivent inspecteur de 1re classe, les plus favorisés parviennent au grade de conservateur.

Le service des Eaux et Forêts comprend : 193 gardes généraux et 188 inspecteurs adjoints remplissant des fonctions identiques sous les ordres de 190 inspecteurs et de 32 conservateurs (non compris le service de l'Algérie et des autres colonies). Les traitements coloniaux sont notablement plus élevés. Dès leur sortie de l'Ecole, les élèves peuvent opter pour l'Algérie ; en cas d'insuffisance de demandes, la désignation est faite d'office, en suivant l'ordre du classement.

L'Ecole est ainsi organisée tout d'abord pour assurer le recrutement de l'Administration des Eaux et Forêts, mais les règlements prévoient aussi l'admission sans examen et sans limite d'âge de jeunes gens qui ne se destinent pas à la carrière administrative. Ces jeunes gens peuvent être de nationalité française ou étrangère, les premiers toujours internes, les seconds sont soit externes, soit internes ; leur demande doit toujours être présentée par le Gouvernement de la Nation à laquelle ils appartiennent.

L'enseignement donné aux externes est complètement gratuit, sans aucun droit d'inscription ni de diplôme ; ils doivent seulement payer les frais de voyages des applications sur le terrain. Les étrangers internes ne paient rien non plus pour l'enseignement mais ils ont à verser à peu près les mêmes émoluments que les Français pour nourriture et équipement.

L'enseignement des externes s'adresse d'abord aux fils de propriétaires forestiers qui auront à s'occuper de la gestion de leur patrimoine, de même ceux qui veulent s'employer comme régisseurs de domaines forestiers ou se livrer au Commerce des bois. Enfin, le cours de sciences forestières, professé à l'Ecole comprend une série de leçons concernant spécialement les forêts des colonies françaises. Ce cours est rattaché à la section d'études coloniales organisée à l'Université de Nancy, avec une subvention du gouvernement général de l'Indo-Chine.

A l'Ecole des Eaux et Forêts de Nancy est jointe une station de recherches et expériences, dont le personnel est formé d'agents forestiers et qui fonctionne avec la collaboration des professeurs. Elle a pour but d'aider l'enseignement théorique par des expériences et des opérations auxquelles peuvent participer les élèves.

Dans ce but la gestion technique d'environ 3.000 hectares de forêts domaniales lui appartient ; la plupart sont situées aux environs de Nancy, quelques-unes se trouvent dans les massifs résineux des Vosges. En outre de la gestion proprement dite, les expériences poursuivies dans ce vaste champ d'études comprennent d'abord des observations de météorologie forestière, commencées, il y a plus de 40 ans et qui ont donné déjà des résultats précieux ; puis un ensemble de recherches fort variées dont le programme est arrêté, sur la proposition du directeur de l'Ecole et qui touchent à un grand nombre de problèmes importants concernant la sylviculture et la physiologie forestière.

Arrêté municipal du 30 octobre 1893, concernant l'admission des élèves externes à l'Ecole nationale forestière.

ART. 1er. — Tout élève admis (pour les demandes d'admission, voir à la fin de la notice) par le Directeur général des Eaux et Forêts comme externe à l'Ecole nationale forestière, et faire connaître les cours qu'il désire suivre pendant l'année. Le Directeur de l'Ecole lui remet une carte professionnelle indiquant les cours pour lesquels il s'est fait inscrire en l'accréditant auprès de l'Inspecteur des études et des professeurs.

ART. 2. — L'élève externe, par le fait même de son inscription, s'engage à suivre régulièrement les cours, à observer les règlements et ordres généraux relatifs à la discipline intérieure et à s'abstenir au dehors de tout acte pouvant nuire au bon renom de l'Ecole.

ART. 3. — Les élèves externes sont admis, si les professeurs le jugent possible, aux exercices pratiques et aux excursions au dehors. Dans ce cas, ils doivent préalablement consigner, entre les mains de l'agent comptable, les sommes préjugées nécessaires pour couvrir les frais des excursions.

ART. 4. — Le Directeur de l'Ecole peut temporairement interdire l'entrée de l'Ecole à tout externe qui aura troublé l'ordre pendant les leçons ou qui aura causé du scandale au dehors. L'exclusion définitive sera prononcée par le Directeur général des forêts.

ART. 5. — Les élèves externes doivent conserver toute l'année les places qui leur ont été assignés par l'Inspecteur des études. Ils devront être rendus aux amphithéâtres aux heures indiquées par les tableaux de l'emploi du temps. La leçon commencée, nul ne sera plus admis. La présence des élèves externes est constatée par l'appel des adjudants au commencement de chaque cours.

ART. 6. — Les élèves externes qui désirent obtenir un diplôme ou certificat de capacité sont admis à passer un examen annuel sur chacun des cours pour lesquels ils se sont fait inscrire. Le diplôme constate que l'élève a satisfait dans les conditions de l'art. 9 ci-après aux examens sur les quatre principales matières de l'enseignement mathématiques appliquées)° ; le certificat concerne les examens passés sur certains cours seulement.

Chaque examen est définitif et ne peut être renouvelé pour aucun motif.

ART. 7. — L'élève externe qui se déclare hors d'état de subir les examens correspondant à son année d'études, peut, sur la proposition du Directeur de l'Ecole, être admis à recommencer cette année. En aucun cas et pour quelque motif que ce soit, aucun élève ne sera autorisé à suivre pendant plus de trois années les cours de l'Ecole.

ART. 8. — Ne seront admis à passer l'examen annuel que ceux qui auront atteint les 4/5 du nombre total des présences à l'amphithéâtre pour chacun des cours pour lesquels ils sont inscrits.

Les absences pour cause de maladie ne seront défalquées que si l'élève justifie d'un certificat du médecin de l'Ecole, pour les époques correspondant à ces absences. Les absences motivées pour toute autre raison que la maladie doivent être expressément autorisées par le Directeur de l'Ecole.

ART. 9. — Le diplôme sera délivré par le Directeur des forêts. Il ne pourra être accordé qu'à l'élève qui aura obtenu dans l'ensemble des notations une moyenne générale de 10 sans avoir eu dans aucune matière une cote inférieure à 7.

ART. 10. — Lorsque le diplôme ou certificat de capacité n'aura pas été obtenu et si l'élève n'a été l'objet d'aucun reproche au point de vue de la conduite, le Directeur de l'Ecole lui délivrera un certificat d'assiduité, constatant la durée de sa présence à l'Ecole et mentionnant les cours qu'il a suivis.

ART. 11. — En dehors des frais d'excursion, l'instruction donnée aux élèves externes est entièrement gratuite, mais ils doivent se fournir à leurs frais des livres et instruments qui leur sont nécessaires.

Arrêté ministériel du 31 janvier 1910, relatif à l'admission d'élèves étrangers, comme internes à l'Ecole nationale forestière.

ART. 1er. — Des élèves étrangers peuvent être admis comme internes à l'Ecole nationale des Eaux et Forêts à Nancy. Les demandes sont adressées par l'intermédiaire des agents diplomatiques accrédités auprès du Gouvernement de la République française.

ART. 2. — Tout élève étranger admis comme interne à l'Ecole nationale des Eaux et Forêts, doit se présenter à Nancy avant le 10 octobre de l'année scolaire.

ART. 3. — Les élèves étrangers internes, par le fait même de leur admission, sont assujettis, dans les mêmes conditions que les élèves du Gouvernement français, à l'application de tous les règlements, instructions et ordres relatifs à l'enseignement, à la police, à la tenue et à la discipline de l'Ecole. Ils portent l'uniforme identique à celui des élèves de l'Ecole, sauf la modifiaction suivante: les cors de chasse, boutons, galons et des vêtements et de la coiffure sont en or au lieu d'être en argent. Ils suivent tous les cours et participent à tous les exercices, excursions et tournées pratiques pendant les deux années d'études.

ART. 5. — Les élèves étrangers internes qui auront satisfait aux examens de sortie de l'Ecole recevront un diplôme ou certificat de capacité. Ce diplôme, délivré par le Directeur général des Eaux et Forêts, constate que l'élève a passé avec succès un examen à la fin de l'enseignement (sciences forestières, sciences naturelles, droit, mathématiques appliquées). Il ne pourra être accordé que si l'élève a obtenu une moyenne générale de 10 sans avoir eu dans aucune matière une note inférieure à 7.

Lorsque le diplôme n'aura pas été obtenu, et si l'élève n'a été l'objet d'aucun reproche au sujet de la conduite, le Directeur général pourra sur la proposition du Directeur de l'Ecole, lui attribuer un certificat constatant la durée de sa présence à l'Ecole et mentionnant les cours qu'il a suivis.

Nota. — Les demandes d'admission ne sont prises en considération que si elles parviennent à M. le Conseiller d'Etat, Directeur général des Eaux et Forêts, 78, rue de Varenne, à Paris, de la Nation, à laquelle le candidat appartient.

Ecole secondaire d'Enseignement professionnel des Barres

Le but de l'Ecole est de faciliter aux préposés des Eaux et Forêts l'accès au grade de garde général. C'est le Saint-Maixent des Eaux et Forêts.

Le concours a lieu annuellement en août entre les préposés ayant deux ans au moins de service actif et moins de 35 ans d'âge. Les demandes d'admission doivent être adressées à la direction des Eaux et Forêts avant le 1er mars.

Programme du Concours

Les épreuves écrites éliminatoires comportent:
1° Une dictée, coeff. 15.
2° Une composition française, coeff. 12.
3° Une composition de mathématiques, coefficient 10.
4° Une épreuve de dessin linéaire, coeff. 8.
Les épreuves orales comportent :
1° Arithmétique, coeff. 11.
2° Géométrie et cubage, coeff. 12.
3° Géographie générale de la France et de ses colonies, coeff. 5.
4° Topographie, coeff. 10.
5° Planimétrie et nivellement, service ordinaire des préposés et législation forestière, coefficient 12.

Les Etudes et leurs Sanotions

La durée des études est de deux ans, le régime est l'internat: les préposés reçus obtiennent le grade de brigadier et touchent leur traitement. A la fin des cours, les élèves subissent les examens de passage en première division, de sortie. Ceux qui ont satisfait aux épreuves de sortie sont nommés gardes généraux stagiaires.

TROISIÈME PARTIE

L'enseignement par correspondance en vue de la Carrière forestière

Les jeunes gens qui ont fixé leur choix sur la carrière des Eaux et Forêts ont un intérêt capital à adapter exactement leurs études aux exigences des concours qu'ils auront à subir.

Les établissements d'enseignement public qui préparent aux concours d'admission à l'Institut national agronomique ou à l'Ecole Polytechnique n'existent que dans les grands centres.

Les agents des Eaux et Forêts qui désirent gravir les échelons de la hiérarchie et se présenter au concours d'admission à l'Ecole secondaire des Barres, ne disposent pas d'établissement collectif oral autre que l'Ecole polytechnique et professionnelle des Barres où tous ne peuvent être admis.

Les candidats civils et militaires qui désirent postuler les emplois de l'Administration des Eaux et Forêts accessibles après concours doivent eux aussi acquérir les connaissances utiles au succès. Aucun établissement d'enseignement public ne se charge de leur préparation.

Ainsi les situations de l'Administration des Eaux et Forêts seraient réservées à quelques privilégiés si l'enseignement collectif oral était le seul possible.

En effet pour assister aux leçons orales, les élèves sont tenus soit de se soumettre aux exigences de l'internat, soit de se déplacer ; cet inconvénient est grave pour ceux qui exercent des fonctions rémunérées dans des entreprises industrielles ou commerciales ou dans une administration, et pour les candidats qui accomplissent leur service militaire.

Aucun de ces candidats ne dispose des loisirs nécessaires pour s'asseoir pendant des mois chaque jour, à l'heure fixée sur les bancs d'une Ecole.

Ces raisons expliqueraient à elles seules la très grande faveur dont jouissent les cours par correspondance qu'à organisés l'Ecole Universelle, dont le siège est à Paris, 59, boulevard Exelmans, en vue des examens d'admission dans les grandes Ecoles spéciales ou des concours que doivent subir les candidats aux fonctions administratives dans la carrière des Eaux et Forêts. Mais il faut ajouter que, grâce aux méthodes perfectionnées de cet établissement, son enseignement par correspondance est particulièrement efficace. Les anciens élèves de l'Ecole Universelle se comptent par milliers dans les administrations publiques. La plupart des jeunes gens qui lui doivent leur succès et par suite leur situation lui expriment leur reconnaissance dans des lettres dont quelques-unes sont insérées, en leur temps, dans des brochures et les publications de l'Ecole. Les originaux de ces lettres, dont aucune n'a été sollicitée, sont conservés dans les bureaux de l'Ecole où toute personne peut en demander communication.

L'Ecole Universelle est le seul établissement qui ait fait recevoir, en deux ans seulement, 106 de ses élèves, avec le numéro 1, à des concours auxquels prennent part des candidats de la France entière.

L'intérêt des candidats est de confier la direction de leur préparation à cet établissement dont la renommée repose sur les innombrables succès qu'il a su obtenir. En effet, ceux qui s'adressent à une école de fondation récente risquent d'être les sujets d'expériences désastreuses ; ceux qui demandent l'enseignement par correspondance à une école qui ne s'y consacre pas exclusivement, mais qui le considère comme une annexe de son enseignement sur place, s'exposent à recevoir, au lieu d'éléments de travail minutieusement adaptés aux exigences de l'enseignement par correspondance, des cours hâtive-ment rédigés, d'après les notes dont se servent les professeurs pendant les leçons orales. Leurs compositions seront corrigées comme si les annotations devaient être complétées en classe par des explications orales. Quel que soit le soin que ces élèves apportent à leur travail, ils ne pourront pas obtenir un résultat proportionné à leurs efforts.

Par contre, ceux qui s'adressent à l'Ecole Universelle profitent de méthodes depuis longtemps élaborées et constamment perfectionnées. Comme toute sa puissance est consacrée uniquement à l'enseignement par correspondance, l'Ecole en a fait un merveilleux instrument de diffusion du savoir.

L'enseignement par correspondance de l'Ecole Universelle est *individuel*, c'est-à-dire qu'il s'adresse en particulier à l'élève, tient compte de ses connaissances, de son âge, de son état de santé, du temps dont il dispose. Il permet de donner à chacun des explications toujours personnelles.

Il est *rapide*, car il supprime toutes les pertes de temps dues aux déplacements, aux recherches matérielles, aux piétinements sur place obligatoires dans les cours oraux où les élèves intelligents et travailleurs sont forcés d'attendre que des condisciples, moins bien doués, aient compris la question étudiée.

Il réduit l'effort au *minimum*, tout en restant complet. Les préparations par correspondance minutieusement établies peuvent être limitées strictement à un programme précis, l'étudier complètement et supprimer les digressions inévitables dans les exposés oraux.

Il permet le choix de professeurs *spécialistes* pour chaque question. Le grand nombre des élèves qu'il peut grouper rend possible une stricte limitation de la tâche de chaque professeur.

Il est *discret*. L'élève peut ne faire part des efforts accomplis même à l'entourage le plus proche, qu'au moment où le résultat est atteint.

Il est *économique*. Les élèves étant nombreux, il est possible de n'exiger de chacun d'eux qu'une rémunération modérée. L'enseignement par correspondance dispense des frais de séjour dans les grandes villes ; il supprime toutes les dépenses dues aux déplacements.

Il peut commencer et se terminer aux dates *fixées* par l'élève, sans qu'il y ait à tenir compte des périodes de vacances ou des jours d'ouverture des cours.

Il est *accessible à tous* puisqu'il n'exige la possession d'aucun diplôme pour aborder les études.

Il est donné dans les *conditions de confort* irréalisables par toutes autres méthodes, puisqu'il a lieu à domicile sans la présence d'un professeur.

On trouvera dans les pages qui suivent des renseignements détaillés sur l'organisation et les méthodes de l'Ecole Universelle. Nous nous contentons de donner ici des indications succinctes sur les préparations par correspondance intéressant les candidats qui se destinent aux carrières de l'Administration des Eaux et Forêts.

A) Préparations par Correspondance
en vue des concours d'admission
aux grandes écoles spéciales

L'enseignement par correspondance de l'Ecole Universelle permet à tous les jeunes gens, quelle que soit leur résidence, de se préparer efficacement aux concours d'admission aux grandes Ecoles spéciales.

Le candidat qui a fixé son choix sur l'Ecole où il désire entrer et qui a fait parvenir aux Directeurs de l'Ecole Universelle son bulletin d'adhésion, n'a plus aucun souci au sujet de l'organisation de sa tâche. Il reçoit en effet des documents et des directives établis spécialement pour le concours qu'il a choisi. S'il est vrai que les programmes de mathématiques, par exemple, pour certaines grandes Ecoles entrent dans le même cadre, l'esprit des examinateurs n'est pas identique pour chaque concours d'admission. L'importance relative des questions varie suivant le programme d'études que les élèves auront à approfondir après leur entrée à l'Ecole. Cette spécialisation rigoureuse, seule l'Ecole Universelle peut la réaliser grâce à la puissance de son organisation. Elle adresse à l'élève :

1° Pour chacune des matières du programme, des plans d'étude détaillés accompagnés de conseils pratiques, qui lui permettent de vaincre toutes les difficultés. Ces plans détaillés embrassent la totalité du programme ; aucune question n'est négligée.

2° Pour chacune des matières qui font, dans

certains examens, l'objet d'épreuves orales, des questionnaires destinés à le renseigner sur la nature des questions qui lui seront posées et à lui fournir les éléments d'un entraînement méthodique à ces épreuves;

3° Pour chacune des matières qui font à l'examen l'objet d'une composition écrite, des sujets à traiter et à soumettre à la correction des professeurs. Les compositions sont minutieusement corrigées;

4° A l'appui de chaque composition annotée par le professeur compétent, pour les matières et questions qui le comportent, un corrigé-type sous forme de devoir entièrement traité ou de plan très détaillé, permet à l'élève de juger par comparaison de la valeur de ses propres épreuves.

L'élève qui a suivi régulièrement sa préparation se trouve donc dans la même situation que s'il avait passé un grand nombre de fois le concours à des dates rapprochées, avec cette différence que ses maîtres lui ont signalé chaque défaillance et lui ont fourni le moyen d'en éviter de semblables à l'avenir.

L'Ecole Universelle a organisé des préparations aux concours d'admission aux Ecoles ci-après:

Institut National agronomique;
Ecole Polytechnique;
Ecole secondaire des Barres.

Pour se renseigner plus complètement et sans frais, il suffit de demander à l'Ecole Universelle sa brochure relative aux grandes Ecoles spéciales n° 9048.

B) Préparation par Correspondance
au concours d'admission aux fonctions administratives dans la carrière des eaux et forêts.

L'Ecole Universelle a organisé des préparations spéciales et méthodiquement progressives en vue des concours d'admission aux fonctions administratives dans la Carrière des Eaux et Forêts. Son enseignement par correspondance permet aux fonctionnaires d'accroître leurs connaissances générales et professionnelles. De même, les candidats à titre militaire peuvent préparer efficacement, grâce à l'Ecole Universelle, les concours qui leur assureront une situation avantageuse dans l'Administration des Eaux et Forêts ou dans les services forestiers des Colonies. Voici la liste des concours auxquels prépare l'Ecole Universelle:

I. CONCOURS ACCESSIBLES AUX CANDIDATS A TITRE CIVIL
a) Concours pour le grade de

Brigadier des Eaux et Forêts
(emploi d'avancement).

Nous avons indiqué à la page 7 de cette étude que les brigadiers du service actif des Eaux et Forêts se recrutaient par voie de concours annuel.

Les épreuves écrites en cabinet comprennent:

1° La rédaction d'une note de service.

2° Des exercices sur les quatre règles d'arithmétique et des applications du système métrique.

3° Des notions de sylviculture.

Les épreuves en forêts comportent:

1° Un exercice de levé à la boussole sans rapport de plan.

2° Des exercices d'estimation sur pied à vue d'œil d'arbres ou de peuplement.

3° Des notions de sylviculture, le service des préposés.

b) Concours pour le grade de

Garde principal stagiaire des forêts en Indochine

Conditions d'Admission

Les gardes principaux stagiaires des forêts de l'Indochine sont recrutés au concours, pour les places non réservées aux candidats à titre militaire. Les concours ont lieu suivant les besoins. Ils sont annoncés par une insertion au *Journal Officiel*.

Pour être admis à y prendre part, tout candidat doit:

1° Etre Français ou naturalisé Français;

2° Etre âgé de 20 ans au moins et de 30 ans au plus. Cette limite est reculée d'un temps égal à celui des services antérieurs à l'Etat ou à la Colonie permettant à l'intéressé d'obtenir une pension de retraite pour ancienneté de services à 55 ans d'âge;

3° Avoir satisfait aux obligations de la loi sur le recrutement de l'armée.

Pièces à fournir
La demande d'admission, établie sur papier timbré, et indiquant le centre où le candidat

désire subir les épreuves, est adressée au Ministre des Colonies (Direction du Personnel). Elle doit être accompagnée des pièces suivantes :

1° Extrait sur timbre de l'acte de naissance;

2° Etat signalétique et des services militaires, ou à défaut, certificat d'exemption, délivré par l'autorité militaire ;

3° Certificat de visite et de contre-visite délivré par l'autorité militaire du lieu de la résidence ;

4° Certificat de bonne vie et mœurs, délivré par le maire ou le commissaire de police et ayant moins de trois mois de date ;

5° Extrait du casier judiciaire ayant moins de trois mois de date ;

6° Le cas échéant, certificat administratif des services à l'Etat ou à la Colonie, autres que le service militaire.

Programme. — Epreuves

Le concours a lieu en même temps dans tous les centres désignés (Indochine, Paris, Lille, Lyon, Strasbourg, Nantes, Bordeaux, Toulouse, Marseille et Alger). Il comprend les épreuves écrites ci-après :

1° Dictée servant d'épreuve d'écriture et d'épreuve d'orthographe ;

2° Rédaction sur un sujet n'exigeant aucune connaissance technique ;

3° Géographie (géographie générale de la France et de ses colonies, géographie détaillée de l'Indochine) ;

4° Problème d'arithmétique (y compris proportions, règle de trois, système métrique, mesure des surfaces et des volumes) ;

5° Rédaction sur un sujet technique (utilité des forêts, leur rôle, leur conservation, leur exploitation, leurs ennemis, différentes sortes de forêts) ;

6° Epreuve *facultative* de topographie (levé et report des plans, instruments).

Nomination. — Traitement

Les candidats admis sont nommés au fur et à mesure des vacances. Ils ont droit au passage gratuit sur les paquebots, pour eux et leur famille, pour rejoindre leur poste.

La hiérarchie et les traitements des Gardes principaux sont fixés comme suit :

Garde principal : 4.000 fr. ; 4.500 fr. ; 5.000 fr. et 5.500 francs.

Conducteur : 6.000 fr. ; 6.500 fr. ; 7.000 fr.; 7.500 fr.

Au traitement s'ajoute un supplément colonial, qui varie de 2.135 à 3.510 piastres, et différentes indemnités.

Les gardes principaux et conducteurs peuvent parvenir aux emplois de garde général, inspecteur adjoint et inspecteur en chef en subissant les épreuves d'un examen professionnel. Les traitements pour ces emplois varient de 6.000 fr. à 18.000 fr.

Des congés de longue durée avec passage gratuit sur les bateaux sont accordés périodiquement et en moyenne tous les trois ans.

Le droit à la retraite est acquis après 25 ans de services, et à 55 ans d'âge.

II. CONCOURS ACCESSIBLES AUX CANDIDATS A TITRE MILITAIRE

Pour les candidats à titre militaire qui désirent se créer dans la carrière des Eaux et Forêts une situation répondant à leurs goûts et à leurs aptitudes, l'École Universelle a organisé des préparations spéciales aux concours en vue des fonctions suivantes : garde domanial, préposé actif des Eaux et Forêts, garde principal stagiaire des Forêts en Indochine. Nous avons classé ces emplois par catégories.

Emplois réservés de la 3° catégorie

Garde domanial.
Préposé actif des forêts en Algérie.

On a trouvé à la page 6 de cette étude des renseignements précis concernant l'emploi de *garde domanial*.

Nous nous bornons donc à signaler que les épreuves des concours pour tous les emplois réservés de troisième catégorie comportent :

EPREUVES ÉCRITES

Dictée.
Copie à main posée.
Rédaction sur un sujet donné.
Problèmes d'arithmétique.

EPREUVES ORALES

Interrogation sur la grammaire française, l'arithmétique, la géographie élémentaire de la France et de ses colonies.

Emplois réservés de la 2ᵉ catégorie

Commis des Eaux et Forêts en France et en Algérie

Conditions d'Admission

Les emplois de commis des Eaux et Forêts (*deuxième catégorie*) sont réservés, *en totalité* :

1° Par priorité, aux mutilés et réformés de la guerre, sous réserve que leurs blessures ou infirmités sont compatibles avec l'emploi;

2° Aux sous-officiers et aux officiers mariniers comptant au moins *dix ans* de présence effective sous les drapeaux, dont 4 ans en qualité de sous-officier ou d'officier marinier (engagés, rengagés, commissionnés), et n'ayant pas dépassé l'âge de 40 ans.

Le nombre annuel des places est de 20 en moyenne.

La demande doit être adressée au commandant de la subdivision de région par l'intermédiaire du chef de corps, où, pour les candidats libérés, par l'intermédiaire de la gendarmerie de leur résidence.

Les candidats admis à prendre part à l'examen pour l'obtention du *Certificat d'aptitude* sont convoqués individuellement par l'autorité militaire.

Programme. — Epreuves

L'examen a lieu tous les trois mois. Il comprend des épreuves écrites et des épreuves orales :

Epreuves écrites :

1° Copie à main posée (une demi-heure) (coeff. 3).

2° Dictée (1 heure) (coeff. 5).

3° Rédaction sur un sujet de sylviculture, de droit forestier ou de droit administratif (1 h. et demie) (coeff. 3).

4° Arithmétique, problèmes sur les quatre règles et le système métrique (2 heures) (coefficient 5).

5° Eléments de comptabilité et confection d'un tableau avec calculs (2 h.) (coeff. 3).

Epreuves orales : Interrogation sur :

1° Notions d'arithmétique et de comptabilité (coeff. 2).

2° Géographie de la France (coeff. 2).

3° Sylviculture et droit forestier et administratif. Législation de la chasse et de la pêche (coeff. 2).

Les épreuves sont cotées de 0 à 10. Toute note inférieure à 5 pour l'orthographe, à 4 pour la copie à main posée et pour l'arithmétique, et à 3 pour chacune des deux autres épreuves écrites est éliminatoire. Sous cette réserve, le certificat d'aptitude ne peut être délivré qu'aux candidats qui ont obtenu un nombre total de points au moins égal à 60 pour cent du maximum, c'est-à-dire 150 points.

Nomination. — Traitement

Les titres des candidats qui ont obtenu le certificat d'aptitude sont examinés par la Commission des emplois réservés qui se réunit tous les trois mois au Ministère de la guerre et des pensions et établit une liste générale de classement qui est publiée au *Journal Officiel*.

Les candidats classés sont nommés au fur et à mesure des vacances, *Commis stagiaires*. Pendant la durée du stage, qui est de *six mois*, ils reçoivent un traitement annuel de 4.000 fr.

Les traitements des Commis des Eaux et Forêts varient de 4.000 fr. à 10.000 fr. Il s'y ajoute les indemnités de résidence, de charges de famille et de vie chère.

L'emploi donne droit à pension.

Garde principal stagiaire des forêts en Indochine

Conditions d'Admission

Les emplois de garde principal stagiaire des Forêts en Indochine sont réservés dans la proportion des trois quarts :

1° Par priorité, aux mutilés et réformés de la guerre, sous réserve qu'ils ont conservé l'intégrité de leurs forces physiques.

2° Aux sous-officiers, officiers mariniers, brigadiers et caporaux et quartiers-maîtres, comptant au moins quatre années de présence effective sous les drapeaux (engagés, rengagés, commissionnés) et n'ayant pas dépassé l'âge de 40 ans.

La demande doit être adressée au commandant de la subdivision de régions par l'intermédiaire du chef de corps ou, pour les candidats libérés, par l'intermédiaire de la gendarmerie de leur résidence.

Les candidats admis à prendre part à l'examen pour l'obtention du *Certificat d'aptitude*, sont convoqués individuellement par l'autorité militaire. L'examen a lieu tous les trois mois.

Le diplôme de bachelier dispense de l'examen. Pour les emplois n° 2. 3, et 4, le brevet supérieur dispense également de l'examen.

Programme. — Epreuves

L'examen ne comprend que des épreuves *écrites* :

1° Copie à main posée (une demi-heure) (coeff. 2).

2° Dictée (une demi-heure) (coeff. 5).

3° Rédaction sur un sujet n'exigeant aucune connaissance technique (1 h.) (coeff. 3).

4° Problèmes d'arithmétique (1 h.) (coefficient 2).

5° Rédaction sur une question de service (1 h.) (coeff. 4).

6° Géographie (France et Colonies, Indochine en particulier) (coeff. 3.

Les compositions sont cotées de 0 à 10. Toute note inférieure à 5 pour l'orthographe et à 3 pour chacune des autres épreuves est éliminatoire.

Sous cette réserve, le certificat d'aptitude n'est délivré qu'aux candidats qui ont obtenu un nombre de points au moins égal à 60 pour 100 du nombre total des points qu'ils peuvent obtenir.

Nomination

Les titres des candidats qui ont obtenu le certificat d'aptitude sont examinés par la Commission des emplois réservés qui se réunit tous les trois mois au Ministère de la Guerre et des pensions et établit une liste générale de classement qui est publiée au *Journal Officiel*.

Les candidats classés sont nommés au fur et à mesure des vacances.

Les fonctionnaires coloniaux ont droit au passage gratuit sur les paquebots, pour eux et leur famille, pour rejoindre leur poste et lors des congés de longue durée qui leur sont accordés en moyenne tous les trois ans.

Le droit est acquis à 25 ans de service, y compris les services militaires, et à 50 ans d'âge.

Il suffit, pour se renseigner plus complètement, de demander à l'Ecole Universelle la brochure gratuite N° 9.096 relative aux carrières administratives.

C) Les Etudes préliminaires

Parfois les candidats hésitent à travailler en vue des concours des grandes Ecoles ou de l'Administration parce qu'ils craignent que leurs connaissances ne leur permettent point de suivre avec fruit une préparation directe aux épreuves officielles. Dans ce cas, l'intérêt des aspirants est de s'adresser à l'Ecole Universelle dont l'activité s'étend à toutes les matières qui peuvent faire l'objet d'un enseignement. Ils recevront gratuitement les conseils personnels dont ils ont besoin. Le service de renseignements de l'Ecole Universelle leur indiquera de façon précise chacun des cours qu'ils ont intérêt à suivre avant d'aborder les études qui préparent directement aux concours.

Ils peuvent d'ailleurs obtenir à titre entièrement gracieux la brochure N° 9.001, relative à l'enseignement primaire, et la brochure N° 9.033 relative à l'enseignement secondaire.

Nous pensons que nos lecteurs nous seront reconnaissants d'avoir attiré leur attention sur le moyen le plus sûr de réaliser leur ambition et de se préparer avec toutes chances de succès au concours qu'ils désirent subir.

Pour éviter des mécomptes douloureux qui peuvent peser sur l'existence entière, les candidats doivent se souvenir qu'il n'est pas possible de trouver des préparations mieux adaptées à l'esprit en même temps qu'à la lettre des programmes et aux exigences des jurys que celles qui ont été établies par les professeurs de l'Ecole Universelle. Cet établissement s'est, en effet, classé hors de pair au triple point de vue de l'efficacité de ses méthodes, de la valeur de son corps enseignant, du nombre et de la qualité de ses succès.

Pour se renseigner plus complètement, il suffit de demander à l'Ecole Universelle l'envoi de sa brochure gratuite d'ensemble N° 9.064.

TABLE DES MATIÈRES

PREMIÈRE PARTIE

La Carrière forestière

DEUXIÈME PARTIE

L'Enseignement oral en vue de la Carrière forestière

TROISIÈME PARTIE

L'Enseignement par correspondance en vue de la Carrière forestière

L'Ecole Universelle
par Correspondance de Paris
placée sous le haut patronage de l'Etat

L'Ecole Universelle par correspondance de Paris, la plus importante du monde est, en France, le premier établissement qui se soit exclusivement consacré à l'enseignement par correspondance et qui se soit attaché à en faire l'instrument le mieux adapté à la diffusion de tous les ordres de connaissances.

Les innombrables succès qu'elle a déjà obtenus et ceux qu'elle enregistre chaque jour, les services éminents qu'elle rend au pays en favorisant le développement de l'instruction et en contribuant au rayonnement de la pensée française à l'étranger, lui ont acquis la plus sympathique renommée dans toutes les classes de la société française, et dans tous les pays où est parlée notre langue.

Il est donc du devoir de tous ceux qui cherchent à s'instruire et de tous ceux qui s'intéressent à un titre quelconque aux progrès de l'enseignement général ou professionnel de ne laisser passer aucune occasion de se documenter sur l'organisation de l'*Ecole Universelle*, ses méthodes, ses programmes, son corps enseignant, la valeur des résultats obtenus.

Il importe surtout de distinguer l'enseignement par correspondance de l'*Ecole Universelle* des procédés empiriques employés par certains établissements, comme complément d'un enseignement oral.

L'Enseignement par correspondance

— Tout le monde reconnaît aujourd'hui les inestimables services que rend l'enseignement par correspondance appliqué, soit à la culture générale des jeunes gens et des jeunes filles d'après les programmes officiels de l'enseignement primaire, secondaire ou supérieur, soit à la préparation aux divers examens universitaires, aux concours d'accès aux grandes écoles et aux fonctions publiques, soit à la formation professionnelle des techniciens de l'industrie, des travaux publics, de l'agriculture et du commerce.

Tous ceux à qui la limite d'âge interdit l'accès des établissements officiels, ceux dont l'état de santé exige des soins particuliers ou des déplacements dans les stations climatiques, ceux qui résident loin d'un centre, ceux qui ne disposent pas de loisirs ou de ressources suffisants pour s'asseoir chaque jour, à heures fixes, pendant de longs mois, sur les bancs d'une école, ceux qui désirent se perfectionner dans une branche spéciale du savoir, bref,

l'énorme majorité de ceux à qui l'enseignement est nécessaire

s'en trouveraient privés s'ils ne pouvaient avoir recours à l'enseignement par correspondance, qui leur donne le moyen d'acquérir chez eux, à leurs moments de loisirs, les connaissances dont ils ont besoin.

— Mais l'enseignement par correspondance est un instrument délicat, dont le maniement exige une longue expérience,

une organisation extrêmement complexe et une spécialisation rigoureuse.

Si vous vous adressez à une école de fondation récente, vous risquez d'être le sujet d'expériences désastreuses et, en tout cas, vous ne bénéficierez pas du prestige que confèrent des études faites dans un établissement dont la réputation déjà ancienne se confirme et s'étend sans cesse par de nouveaux succès.

Si vous demandez l'enseignement par correspondance à une école qui ne s'y consacre pas exclusivement, mais qui le considère comme une annexe de son enseignement sur place, les documents que vous aurez entre les mains ne seront souvent que la rédaction des notes d'après lesquelles les professeurs font leurs cours oraux, vos compositions seront corrigées comme si les annotations devaient être complétées en classe par des explications orales et vous n'obtiendrez pas un résultat proportionné à vos efforts.

Dans un tel établissement, la direction constamment sollicitée par les questions d'horaires et de discipline, appelée à régler les mille difficultés qui résultent de la présence continuelle des élèves et des maîtres, ne peut accorder qu'une attention insuffisante à l'enseignement par correspondance, qui exige cependant de constants efforts d'organisation et de mise au point, mais qui, parce qu'il s'adresse à des élèves éloignés, est fatalement relégué au second rang.

Aussi est-il aujourd'hui reconnu sans conteste, non seulement en France, mais dans tous les pays où se pratique l'enseignement par correspondance et notamment aux Etats-Unis, où il jouit d'une immense faveur, qu'il ne saurait être donné dans les conditions les plus favorables par un établissement qui pratique en même temps l'enseignement sur place.

L'*Ecole Universelle par correspondance de Paris* est, en France, le premier établissement qui se soit

exclusivement consacré à l'enseignement par correspondance.

Toute son organisation administrative, toutes ses méthodes pédagogiques ont pour objet de donner à ce mode d'enseignement son maximum de valeur. Toutes les activités dont elle dispose tendent à le porter à son plus haut degré de perfection.

Elles ne distinguent pas deux catégories d'élèves: ceux que l'on voit et qui bénéficient de soins particuliers, ceux que l'on ne voit pas et auxquels on est tenté de témoigner un moindre intérêt. Tous ses correspondants sont l'objet d'une égale sollicitude.

Tous ses documents, rédigés par des spécialistes éminents, à l'usage des élèves *qui n'ont pas d'autres instruments de travail*, sont conçus de manière à ne laisser subsister aucune obscurité dans l'esprit d'un correspondant réfléchi.

Les annotations portées sur les devoirs, toujours très copieuses et complétées, pour tous les exercices qui le comportent, par le corrigé type correspondant, équivalent à de véritables leçons particulières et l'élève peut toujours obtenir de ses professeurs des explications complémentaires sur tel ou tel point de son programme ou sur les difficultés qu'il rencontre dans la rédaction de son travail.

Nos méthodes d'enseignement par correspondance

Les méthodes de l'*Ecole Universelle* sont

des méthodes françaises

élaborées et appliquées par une élite de professeurs français. Son enseignement ne doit pas être confondu avec celui que tentent depuis quelque temps de répandre dans notre pays des filiales d'établissements étrangers. Toutes les personnes qui ont pu faire la comparaison n'hésitent pas à proclamer la supériorité de l'enseignement donné par l'*Ecole Universelle*. Il n'en saurait être autrement pour qui sait combien l'enseignement français est supérieur par sa clarté, par sa profondeur, par son caractère pratique, à celui qui se donne par exemple dans certains pays anglo-saxons.

— L'enseignement de l'*Ecole Universelle* présente tous les avantages d'un

enseignement individuel

D'une part, grâce à la diversité des programmes, il s'adapte aux aptitudes de chaque candidat, au niveau de ses études antérieures et à l'objet qu'il se propose. D'autre part, chaque élève peut commencer ses études à n'importe quelle époque de l'année, les poursuivre selon le temps dont il dispose, selon la rapidité de ses progrès, passer rapidement sur les questions qu'il s'assimile sans peine, et s'attarder au contraire davantage sur celles qui demandent de sa part un effort plus soutenu.

En principe, l'élève règle lui-même son travail d'après ses loisirs et ses convenances personnelles. Mais, s'il préfère se placer plus complètement sous la direction de ses maîtres, ceux-ci lui tracent un emploi du temps, en tenant compte de l'importance de chaque matière et de la difficulté de chaque devoir.

Il voit ainsi s'évanouir toutes les hésitations, tous les atermoiements qui diminueraient sa liberté d'esprit et retarderaient ses progrès.

L'un des objets essentiels de nos méthodes est d'obtenir

le résultat maximum avec le minimum d'efforts et dans le temps minimum.

Nous arrivons à ce résultat en ne demandant à chaque élève que le travail *strictement indispensable* à l'objet qu'il se propose:

Aux candidats à un examen ou à un concours officiel, nous n'imposons que l'étude des matières dont la connaissance est exigée du jury, et toujours en tenant compte de l'importance relative des diverses parties du programme;

A ceux qui veulent acquérir des connaissances en vue d'une application pratique immédiate dans l'industrie, les travaux publics, l'agriculture, le commerce, la banque, etc., nous offrons des programmes allégés de toutes les connaissances qui ne sont pas indispensables à leur formation professionnelle;

Par contre, aux jeunes gens, aux jeunes filles et aux adultes qui suivent par correspondance nos cours d'enseignement secondaire et d'enseignement primaire, sans autre intention prochaine que de former leur esprit et d'étendre leur culture intellectuelle, nous demandons de se conformer rigoureusement aux programmes officiels, qu'une expérience de plusieurs générations a reconnus les plus propres à produire ce résultat.

Dans tous les cas, nos cours sont conçus de façon à épargner à chaque élève toute recherche matérielle, tout travail qui n'aurait pas pour objet direct l'étude des matières de son programme et la rédaction de ses compositions écrites.

— Dès qu'un élève nous a fait parvenir sa lettre d'adhésion, nous lui adressons tout ou partie de ses éléments de travail. Chaque élève reçoit, au cours de sa préparation, tous les documents qui constituent l'enseignement complet; mais nos envois sont susceptibles de diverses modalités. L'importance et la fréquence des envois qui lui sont faits sont fixées par les professeurs, en tenant compte de son degré d'instruction, du temps qu'il peut consacrer à son travail et de la rapidité de ses progrès.

Chacun de nos cours ou préparations

est le résultat de la collaboration de diverses activités, entre lesquelles le travail est rationnellement divisé et dont les efforts sont coordonnés par un professeur-directeur.

Les documents, perfectionnés d'après ces indications, passent ensuite aux mains du chef de service des impressions qui, aidé de ses collaborateurs, veille à ce que la disposition matérielle vienne encore augmenter la clarté de la rédaction et rendre l'étude facile et attrayante.

Un service spécial est chargé, lorsqu'il y a lieu, des illustrations, cartes, dessins ou photogravures, et les exécute avec le même souci de clarté, pour la plus grande commodité de l'élève.

Plusieurs imprimeries, spécialement outillées, sont chargées du tirage des documents adressés à nos élèves. Ces documents sont l'objet d'une incessante revision, en vue de les tenir au courant des modifications de programmes et des perfectionnements de nos méthodes.

— Dès qu'il est en possession d'un envoi de documents, l'élève se met immédiatement au travail. Il étudie d'abord les matières du programme en se conformant strictement aux indications qui lui sont données par ses maîtres dans des

cours spécialement rédigés ou dans des plans d'étude raisonnés accompagnés de conseils pratiques.

Ces conseils pratiques que, seule de tous les établissements d'enseignement par correspondance, l'*Ecole Universelle* fournit à ses élèves, ont pour but d'attirer leur attention sur les points les plus importants de chaque leçon et de leur donner le moyen de vaincre, par leur propre réflexion, les difficultés qu'ils peuvent rencontrer.

— L'élève rédige ses devoirs lorsqu'il possède parfaitement la partie du cours dont le sujet proposé comporte l'application; puis il les soumet à notre correction en se conformant aux indications d'ordre matériel, d'ailleurs fort simples, que nous lui donnons.

Les sujets de devoirs

sont choisis par les maîtres qui ont élaboré les plans d'étude correspondants; ils n'exigent donc aucune connaissance que l'élève ne doive déjà posséder.

— L'efficacité de notre enseignement est due en grande partie à la

minutieuse correction des devoirs.

Les professeurs ne se bornent pas à porter sur la copie une appréciation sommaire accompagnée d'une note chiffrée. Ils signalent en marge toutes les imperfections de détail, en indiquant le moyen d'y remédier; ils signalent de même tous les passages qui révèlent une qualité de l'élève ou un effort digne d'être encouragé. Ils formulent ensuite une appréciation d'ensemble et la font suivre de tous les conseils que leur a suggérés la lecture de la copie.

S'ils rencontrent une composition d'une extrême faiblesse, ils ne la biffent pas d'un trait après en avoir parcouru quelques lignes.

Au contraire, plus un élève paraît avoir de défauts ou de lacunes, plus il attire leur sollicitude. Nous mettons tout en œuvre pour qu'un élève en retard ne se sente pas abandonné à lui-même et pour qu'un élève brillant développe toutes ses qualités.

Toutes les copies qui constituent un même envoi sont réunies, après correction, par les professeurs compétents, dans une chemise spéciale, sur laquelle un directeur des études porte une appréciation générale sur les aptitudes de l'élève, sur ses progrès et ses chances de succès.

Les notes obtenues par chaque élève sont soigneusement relevées et conservées à l'Ecole. Les professeurs et les directeurs des études peuvent, de la sorte, le suivre pas à pas et faire, à chaque instant, le nécessaire pour remédier à ses défauts et accélérer ses progrès.

Pour éviter à l'élève toute incertitude sur la façon de traiter les sujets de compositions qui lui sont proposés, et pour lui permettre de juger par comparaison de la valeur de ses propres épreuves, l'Ecole lui adresse, pour tous les sujets qui le comportent, des

corrigés types, ou des plans détaillés

rédigés par les professeurs compétents.

Chaque corrigé est adressé à l'élève au moment où il a dû lui-même nous faire parvenir la composition correspondante. Ce modèle complète les annotations portées sur la copie; c'est l'exemple joint au précepte.

— Enfin pour tous les programmes ou parties de programmes qui le comportent, nous proposons à nos élèves des

exercices oraux

questionnaires, explications de textes, etc... Ces exercices ne sont pas soumis à la correction des professeurs, mais toutes les indications sont fournies à l'élève pour qu'il n'éprouve aucune difficulté à les faire seul et à en vérifier l'exactitude.

— Par ce que nous venons de dire, en particulier de la correction des compositions, on se rend compte que nous nous attachons à établir

entre chaque élève et ses maîtres une communication constante

et des relations empreintes de la plus grande bienveillance et de la plus grande sollicitude de la part des maîtres, de la confiance la plus entière et la plus justifiée de la part de l'élève.

Les programmes de l'École Universelle

Les programmes de l'*École Universelle*, les plus étendus qui aient encore été conçus pour donner satisfaction aux besoins les plus variés, sont

constamment tenus au courant

soit des programmes officiels les plus récents, soit, lorsqu'il s'agit d'enseignement professionnel, des derniers perfectionnements de chaque technique. A l'opposé de certains établissements qui, redoutant de perdre le bénéfice de leurs première tentatives, ont laissé leur enseignement se cristalliser dans des formes surannées, l'*École Universelle* considère comme une obligation de s'adapter, prudemment, mais hardiment, à tous les besoins nouveaux de l'enseignement et aux aspirations nouvelles de la jeunesse studieuse.

— L'*École Universelle* justifie son titre à la fois par le nombre et la diversité de ses élèves et par l'infinie variété de ses enseignements.

Ses cours sont actuellement suivis par plus de

soixante mille élèves,

qui résident tant à Paris que dans les diverses régions de la France, aux Colonies et à l'étranger. Ses élèves appartiennent à toutes les catégories sociales; il en est de tout âge et de toutes professions; chacun d'eux reçoit, à son gré, l'enseignement qu'il se propose.

A côté des élèves les plus modestes, qui lui demandent de les préparer, par exemple, au certificat d'études primaires, elle voit venir à elle d'anciens élèves des grandes Ecoles, des Agrégés de l'Université, qui désirent se perfectionner dans certains ordres de connaissances spéciales ou même s'initier à des études entièrement nouvelles pour eux.

— L'*École Universelle* enseigne, en effet,

à tous les degrés, toutes les matières

qui peuvent faire l'objet d'un enseignement. Elle prend l'élève à quelque âge qu'il se présente et quel que soit le niveau de ses études antérieures. Elle le conduit à son but dans un temps variable, suivant la distance qui l'en sépare, mais toujours plus rapidement et plus facilement qu'il n'y parviendrait en suivant des cours oraux.

L'élève qui désire faire ses classes primaires ou secondaires complètes d'après les programmes officiels, celui qui désire se soumettre à un entraînement méthodique de quelques semaines en vue d'un prochain examen, celui qui limite ses efforts à l'une des matières de son programme, celui qui recherche une formation complète pour exercer l'une des nombreuses fonctions de l'industrie, de l'agriculture, du commerce, de la banque, etc., celui qui, déjà pourvu d'une profession, désire approfondir ses connaissances ou simplement s'initier à une technique nouvelle, quelque spéciale qu'elle soit, tous sont assurés de trouver à l'*École Universelle* le programme d'enseignement qui leur convient et, pour chaque enseignement, des maîtres choisis parmi les spécialistes les plus distingués.

— L'*École Universelle* se propose, comme objet essentiel, de donner à tous ses élèves un enseignement éminemment pratique, c'est-à-dire de mettre ceux qui préparent un examen ou un concours public en mesure d'aborder les épreuves officielles avec

le maximum de chances de succès,

de procurer à ceux qui lui demandent un enseignement professionnel les moyens de

vaincre les difficultés de la pratique courante

et de rendre immédiatement des services dans le poste où ils seront placés.

— Un tel souci n'exclut pas celui de la culture générale des candidats, de la formation de leur esprit. L'enseignement de l'*École Universelle* ne consiste pas dans la répétition mécanique de certains gestes, dans la résolution indéfiniment répétée de quelques exercices types. Il est essentiellement rationnel et tend à donner

des habitudes d'esprit, des méthodes de travail

qui permettront à l'ancien élève laborieux d'approfondir et d'étendre sans cesse ses connaissances et de gravir successivement les divers échelons de la hiérarchie.

— Il apparaît clairement qu'un enseignement aussi varié ne peut être donné que par un établissement dont l'organisation réponde à cette multiplicité de programmes. L'*Ecole Universelle* comprend

autant de sections que son enseignement comporte de branches distinctes.

La direction de chacune de ces sections est confiée à un ou plusieurs spécialistes dont les titres officiels garantissent la compétence et qui s'attachent à déterminer les méthodes les mieux adaptées à l'étude des matières qu'ils sont chargés d'enseigner.

Son organisation unique permet à l'*Ecole Universelle* de faire bénéficier, pour des prix très modérés, toutes les personnes qui s'adressent à elle, des conseils et leçons des spécialistes éminents dont sa réputation lui a valu le concours.

Le Corps enseignant de l'Ecole Universelle

— Chacun sait que dans un établissemnt qui ne compte qu'un petit nombre d'élèves, un même professeur est fréquemment chargé de l'enseignement de plusieurs matières. Au contraire, les établissements importants, tels que les grands lycées de Paris, comptent parfois deux ou plusieurs professeurs pour une même matière. L'*Ecole Universelle*, qui compte infiniment plus d'élèves que l'établissement le plus fréquenté ne confie chaque enseignement qu'à des

spécialistes choisis parmi les plus distingués

Professeurs pourvus des titres les plus appréciés qui exercent ou ont exercé dans l'Université les plus hautes fonctions et qui, à mainte reprise, ont fait partie des jurys d'examens, — anciens élèves des grandes Ecoles spéciales qui sont parvenus dans l'Armée ou dans la Marine, aux échelons supérieurs de la hiérarchie ou qui, dans l'industrie, les travaux publics, l'agriculture, le commerce, exercent des fonctions de choix, — fonctionnaires supérieurs des administrations de l'Etat, des services concédés ou des administrations privilégiées, lui apportent le tribut du savoir et de l'expérience qu'ils ont acquis au cours de longues années d'études et de travaux personnels.

— Par un groupement rationnel de ces compétences, si nombreuses et si diverses, elle a institué

différents organes qui se complètent l'un l'autre et concourent à donner à son enseignement le maximum d'efficacité.

Les directeurs généraux de l'Enseignement prennent toutes les décisions relatives aux programmes et aux méthodes; ils impriment, en outre, aux diverses sections de l'Ecole, l'impulsion d'ensemble qui assure à leurs enseignements la cohésion indispensable.

Les directeurs des études examinent les travaux des élèves annotés par les professeurs, veillent à ce que les corrections soient faites avec tout le soin désirable, formulent une appréciation générale sur chaque groupe de composition soumis à la correction et donnent aux élèves les conseils de nature à augmenter l'efficacité de leurs efforts.

Les professeurs de l'Ecole rédigent, comme il est dit plus haut, les cours et documents destinés aux élèves et corrigent leurs compositions.

Ceux des professeurs qui font partie du *Conseil de Perfectionnement* peuvent être appelés à donner leur avis sur les méthodes d'enseignement, la rédaction des cours, le choix des exercices, la correction des devoirs, etc...

Les résultats obtenus

— Les résultats de ces méthodes qui s'affirmèrent exceptionnellement encourageants dès l'origine de l'*Ecole Universelle*, en 1907, ne cessent, depuis dix-neuf ans, grâce à de continuels perfectionnements, de se manifester comme toujours plus brillants. Nous pouvons l'affirmer hautement,

aucun autre établissement

ne peut faire état de succès comparables à ceux que nous enregistrons dans tous les ordres d'enseignement.

— Une consécration en quelque sorte officielle des résultats de notre enseignement nous est fournie par

les succès de nos élèves aux examens et concours publics.

C'est par milliers, en effet, que les élèves de l'*Ecole Universelle* ont été reçus aux examens de l'Université (brevets, baccalauréats, professorats, licences), aux concours d'admission aux grandes Ecoles et à ceux des administrations de l'Etat. En *deux ans* seulement, *cent six* ont été classés avec le *numéro un* à la suite de ces concours auxquels prenaient part les candidats de la France entière.

De tels résultats, officiellement constatés, mettent hors de pair l'enseignement de l'*Ecole Universelle*.

— La valeur de notre enseignement par correspondance est encore établie par la faveur dont il jouit, non seulement auprès de toute la jeunesse studieuse et active du pays, mais encore auprès des

chefs d'entreprise soucieux de recruter un personnel de choix.

Ceux-ci nous donnent, en effet, les marques les plus évidentes de leur confiance et de leur estime en nous adressant de nombreuses offres d'emplois.

De nouvelles preuves de la valeur de nos méthodes et de nos programmes, du dévouement et de la compétence de notre corps enseignant se trouvent dans les

milliers de lettres d'éloges et de témoignages de gratitude

que nous adressent nos correspondants ou leurs parents.

Un grand nombre de ces lettres sont signées par des fonctionnaires, des ingénieurs, des officiers supérieurs, des membres de l'Université, c'est-à-dire par des personnes particulièrement aptes à juger la méthode de travail et les progrès d'un élève.

Plusieurs centaines d'entre elles sont insérées chaque année dans quelques-unes des brochures et publications de l'*Ecole Universelle*. Toutes sont mises, dans ses bureaux, à la disposition des personnes qui désirent en prendre connaissance.

Toutes ces lettres nous sont adressées spontanément. Aucune d'elles n'a jamais été sollicitée.

— Ce sont de tels résultats qui ont valu à l'*Ecole Universelle* les marques d'encouragement les plus flatteuses de la part des pouvoirs publics :

le haut patronage de l'Etat

et l'inauguration de ses nouveaux bureaux, en juin 1923, par M. le Ministre de l'Instruction Publique et des Beaux-Arts, en présence des représentants de plusieurs autres Ministres et Sous-Secrétaires d'Etat et d'un grand nombre de personnalités officielles.

Sanctions des Etudes

Bien que l'objet essentiel de l'*Ecole Universelle* consiste, sans plus, à répandre l'enseignement à tous les degrés et dans toutes les spécialités, bien que la somme versée par chaque élève représente uniquement le prix de l'enseignement reçu, l'*Ecole* accorde gracieusement aux personnes qui s'adressent à elle des avantages supplémentaires d'une importance pratique indéniable.

— A ceux de ses élèves qui se sont préparés sous sa direction à un examen universitaire ou à un concours public, elle délivre des

certificats de scolarité ou des certificats d'études

qui mentionnent les cours suivis et les notes obtenues pour chaque composition écrite. Ces certificats sont revêtus du sceau de l'Ecole, annotés et signés par un Directeur des Etudes. Ils constituent des documents dont les jurys officiels tiennent le plus grand compte.

— A ceux des élèves qui ont suivi l'une de ses préparations directes aux diverses fonctions de l'Industrie, des Travaux publics, de l'Agriculture, du Commerce, etc..., l'*Ecole Universelle* décerne après des examens qui se passent à Paris, dans des conditions de loyauté et d'impartialité absolues,

les diplômes correspondant à leurs études,

L'indépendance des jurys d'examens et le renom dont jouit l'*Ecole Universelle* confèrent à ces diplômes une autorité telle que les titulaires sont assurés de trouver le meilleur accueil auprès des chefs d'entreprise soucieux de recruter des collaborateurs compétents.

— Poussant plus loin le souci de l'avenir de ses élèves, l'Ecole délègue à un organisme spécial, l'*Association générale des Maîtres, Elèves et anciens Elèves*, l'administration d'un

office de placement,

L'Association centralise et transmet à ses adhérents les offres d'emplois qui lui parviennent.

Par suite de la diversité presque infinie des enseignements donnés par l'*Ecole Universelle*, les membres de l'Association se recrutent dans les milieux les plus différents, dans toutes les régions de la France, aux colonies et dans tous les pays étrangers où peut pénétrer l'enseignement en langue française.

Il en résulte qu'elle est en mesure, mieux que toute autre organisation analogue, de seconder ses adhérents dans les circonstances les plus diverses: recherche d'une situation plus avantageuse, changement complet d'orientation, etc... Après avoir aidé au placement et parfois même à l'établissement de certains de ses membres, elle peut, dans la suite, leur procurer du personnel, des clients, des débouchés. En un mot, c'est une vaste organisation d'aide mutuelle disposant de moyens d'action exceptionnels.

Enfin, l'Ecole s'efforce d'entretenir avec tous ses anciens élèves, membres ou non de l'Association, les relations les plus cordiales. Elle met à leur disposition son

Office de renseignements gratuits

et les aide de ses avis pendant toute la suite de leur carrière.

Conclusion

Nous avons essayé de donner, dans les pages qui précèdent, une idée générale de l'organisation et des méthodes de l'*Ecole Universelle*.

Ce qu'il est impossible de faire comprendre dans un exposé forcément limité, c'est la souplesse de cette organisation, la sollicitude avec laquelle sont appliquées ces méthodes, pour le plus grand profit des élèves.

La souplesse de cette organisation, on l'appréciera en consultant les brochures spéciales que l'Ecole adresse gratuitement sur demande et qui sont consacrées aux divers ordres d'enseignement: — enseignement primaire, et préparation aux brevets; enseignement secondaire et baccalauréats; préparation aux examens de l'enseignement supérieur (lettres, sciences, droit); — préparation aux grandes écoles spéciales; — préparation aux carrières de l'industrie, des travaux publics, de l'agriculture; — préparation aux fonctions du commerce et de l'industrie hôtelière; — préparation aux carrières administratives; — préparation aux carrières de la marine marchande — enseignement des langues vivantes; — enseignement de la musique; — enseignement du dessin; — préparation aux métiers d'art; — cours d'orthographe, de rédaction, de calcul, de calcul extra rapide, d'écriture et de calligraphie; — cours divers d'instruction générale (enseignement littéraire, scientifique et artistique).

Quant à la sollicitude avec laquelle sont appliquées ces méthodes, nous laissons le soin de la proclamer à ceux-là mêmes qui en ont fait l'expérience et qui, dans des milliers de lettres d'éloges, ont tenu, sans y être sollicités, à dire tout le bien qu'ils pensent de l'enseignement de l'*Ecole Universelle* et les avantages qu'ils en ont retirés.

Il n'est personne qui, après avoir pesé avec soin les garanties de toute nature qu'elle donne aux élèves et aux familles, puisse encore hésiter un seul instant entre l'*Ecole Universelle* et l'un quelconque des établissements qui, désespérant de l'égaler, masquent par une argumentation fallacieuse l'insuffisance de leurs méthodes et l'indigence de leurs succès.

Les principales sections,
de l'Ecole Universelle

Pour donner le maximum d'efficacité à ses enseignements des divers ordres et pour adapter ses méthodes générales aux multiples spécialités de ses programmes, l'*Ecole Universelle par correspondance de Paris* divise entre plusieurs sections la tâche qu'elle s'est assignée.

On trouvera ci-dessous des renseignements sur l'activité de chacune de ces sections.

Enseignement primaire

Chacun, quel que soit son âge, son degré d'instruction, sa résidence, peut, grâce aux

Cours complets d'enseignement primaire

de l'*Ecole Universelle*, faire chez lui, aux heures qui lui conviennent le mieux, toutes les études que l'on fait d'ordinaire dans les établissements primaires d'enseignement oral.

— Ses cours primaires correspondent en tous points aux programmes officiels d'enseignement. Ils embrassent toutes les classes de l'enseignement primaire, depuis le cours élémentaire jusqu'aux trois années d'école normale inclusivement et, dans chaque classe, la totalité des matières inscrites au programme. C'est dire qu'il s'agit d'un enseignement rigoureusement complet.

— La supériorité didactique de son enseignement le fait rechercher aussi bien par les élèves qui pourraient, en raison de leur résidence, suivre les cours des meilleures institutions, que par ceux qui sont dans l'impossibilité de le faire.

— A qui suit déjà les cours d'une école, l'enseignement par correspondance donne la certitude d'en devenir l'un des plus brillants élèves.

— A celui que des raisons quelconques obligent à se préparer seul, cet enseignement permet de réaliser des progrès plus rapides que ceux de la majorité des élèves de l'enseignement collectif oral.

— Enfin, cet enseignement est le seul que puissent suivre les élèves obligés de se déplacer ou ceux qui résident à l'étranger.

— L'enseignement étant rigoureusement individuel, chaque élève peut s'inscrire et commencer ses études à n'importe quelle date, sans excepter la période des vacances. Les élèves ou leurs parents fixent eux-mêmes la durée de chaque classe.

— Chaque élève des cours primaires se trouve, à la fin de ses études, dans la même situation que si, depuis le cours élémentaire, il avait reçu les leçons particulières d'autant de professeurs que les programmes comportent de matières différentes.

La savante gradation des plans d'études le conduit sans heurts, sans surmenage, sans le fameux coup de collier, si funeste à la santé, d'une classe à la classe supérieure, et cela jusqu'à l'examen qui couronne ses études.

— Voici la liste des cours complets et la nomenclature sommaire des documents dont se compose chacun d'eux.

I. — COURS DE L'ENSEIGNEMENT PRIMAIRE ÉLÉMENTAIRE

Ces cours correspondent aux six années de l'enseignement primaire officiel.

Le *Cours élémentaire* s'adresse aux enfants qui savent lire, écrire et un peu compter: ce sont en général des enfants de sept à neuf ans. Il convient également aux adultes qui veulent reprendre leurs études par la base.

Les deux années du *Cours moyen* s'adressent aux enfants de neuf à onze ans qui, ayant suivi le cours élémentaire, se préparent au certificat d'études primaires. Ils embrassent tout le programme du cours moyen des écoles primaires (1re et 2º années).

Le *Cours supérieur* s'adresse aux enfants qui, ayant suivi avec fruit le cours élémentaire et le cours moyen, veulent, entre la onzième et la treizième année, parfaire leur instruction et se préparer à divers examens et concours (certificat d'études primaires, admission au cours complémentaire, écoles primaires supérieures, bourses nationales). Il s'adresse également aux jeunes gens qui, ayant quitté l'école à douze ans, et ne désirant pas se présenter aux examens supérieurs, veulent cependant développer leur instruction et acquérir une foule de connaissances pratiques qui leur seront d'une extrême utilité dans leur profession. Ce cours constitue une étape obligée entre le cours moyen et le cours complémentaire.

Les deux années du *Cours complémentaire* s'adressent à tous ceux qui, après avoir suivi le cours supérieur, veulent étendre et approfondir leurs connaissances, de façon à pouvoir, soit améliorer leur situation au bureau, à l'atelier, au magasin, etc., soit aborder et suivre ensuite, sans effort, des préparations qui ne leur seraient pas directement accessibles (concours des Postes et Télégraphes, des Contributions indirectes, etc.).

Tous ces cours conviennent également aux élèves des écoles publiques ou privées qui veulent rendre leurs études plus fructueuses, en complétant les leçons de leurs maîtres par celles de professeurs spécialistes.

Matières du Programme. — Documents adressés aux élèves.

Cours élémentaire. — Langue française, histoire, géographie, instruction civique, morale, arithmétique, leçons de choses, dessin, écriture, éducation physique.
En tout 168 plans d'étude, 396 sujets de compositions, 48 dessins à exécuter et à soumettre à notre service de correction, 396 corrigés-types (devoirs entièrement traités).

Cours moyen (1re et 2e *années*). — Langue française, histoire, géographie, instruction civique, morale, arithmétique et géométrie, éléments de sciences physiques et naturelles, dessin à vue, d'ornement, géométrique, éducation physique, écriture, musique, couture.
En tout, pour chaque année, 180 plans d'étude, 468 sujets de compositions, 48 dessins à exécuter et à soumettre à notre service de correction, 24 exercices spéciaux d'écriture, 48 exercices de solfège, 12 exercices de couture avec correction, 12 progressions de mouvements, 468 corrigés types (devoirs entièrement traités).

Cours supérieur. — Langue française, histoire, géographie, instruction civique, morale, arithmétique et géométrie, sciences physiques et naturelles, dessin d'art, dessin géométrique, écriture, musique, couture, éducation physique.
En tout 180 plans d'étude, 468 sujets de compositions, 48 dessins à exécuter et à soumettre à notre service de correction, 24 exercices spéciaux d'écriture (cursive, ronde, bâtarde), 48 exercices de solfège, 12 exercices de couture avec correction, 12 progressions de mouvements, 468 corrigés types (devoirs entièrement rédigés).

Cours complémentaire (1re et 2e *années*). — Langue française, langues vivantes, histoire et géographie, instruction civique et morale, mathématiques, sciences physiques et naturelles, écriture, dessin, musique, couture, éducation physique.
En tout, pour chaque année, 132 plans d'étude, 468 sujets de compositions, 24 exercices spéciaux d'écriture (ronde, bâtarde, grosse cursive et fine cursive), 24 sujets de dessin (croquis coté et ornement pour les jeunes gens), 24 sujets de dessin (ornement surtout pour les jeunes filles), 48 exercices de solfège, 12 exercices de couture avec correction, 12 progressions de mouvements, 468 corrigés types (devoirs entièrement rédigés).

II. — Cours des Ecoles primaires supérieures

Ces cours s'adressent aux jeunes gens qui veulent poursuivre leurs études primaires supérieures ou se préparer avec le maximum de chances de succès au Brevet élémentaire et au concours d'admission aux Ecoles Normales.

L'enseignement de l'*Ecole Universelle* est le seul que puissent suivre ceux qui ont dû, par suite de circonstances diverses, interrompre leurs études pour entrer à l'atelier, au bureau ou au magasin. A ces jeunes gens, ses cours donnent le moyen de concilier les nécessités présentes avec leurs légitimes aspirations d'avenir.

Enfin, il va sans dire que ces cours peuvent être utilisés comme complément de l'enseignement collectif oral, par les élèves des écoles primaires supérieures comme par ceux qui veulent, sans se déplacer, suivre, à l'école primaire, avec le concours de leurs instituteurs, le cycle complet de l'enseignement primaire supérieur.

Nous ne pouvons faute de place, donner le tableau détaillé des préparations que nous avons instituées pour chacune des quatre sections spéciales: Industrielle, Commerciale, Agricole et Ménagère. Etablies sur le même plan que la section d'Enseignement général, elles embrassent comme elle toutes les matières prévues au programme de chaque section.

L'enseignement embrasse l'ensemble des matières inscrites au programme, sans laisser dans l'ombre les enseignements spéciaux: chant, travail manuel, gymnastique, etc...

Matières du programme. — Documents adressés aux élèves

1re, 2e et 3e *années*. — Instruction morale et civique, législation et économie politique, langue française et littérature, langues vivantes, histoire, géographie, mathématiques, sciences physiques et naturelles, dessin d'art, dessin géométrique, écriture, gymnastique, musique, enseignement manuel.
En tout, pour chaque année, 168 plans d'étude, 372 sujets de compositions, 12 sujets de dessin artistique, 12 sujets de dessin géométrique, 24 exercices spéciaux d'écriture (ronde, bâtarde, cursive), 12 progressions de gymnastique suédoise, 24 exercices de solfège, 372 corrigés types.

III. — Cours des Ecoles normales primaires

Ces cours qui embrassent l'ensemble des matières inscrites au programme des trois années des Ecoles normales, s'adressent aux candidats qui ne veulent ou ne peuvent suivre les cours d'une de ces écoles.

C'est, en particulier, le cas des *institutrices et instituteurs intérimaires* qui, entrés dans l'enseignement avec le brevet simple, désirent se mettre au niveau des élèves-maîtres sortants et s'assurer une carrière plus facile et plus brillante.

Les cours de l'*Ecole Universelle* leur permettent de se présenter sans crainte au *brevet supérieur* et de suivre ensuite, avec plus de facilité et de profit, sa préparation au *certificat d'aptitude pédagogique*.

Alors que, pour toutes nos classes primaires et primaires supérieures, l'inscription à la classe complète est obligatoire, nous donnons, pour les cours des Ecoles normales primaires, la faculté de suivre séparément un ou plusieurs cours.

Les candidats au brevet supérieur n'ayant pas, à une session d'examen, obtenu, pour une ou plusieurs épreuves une note égale ou supérieure à la moyenne, peuvent ainsi approfondir seulement le programme des matières qui font l'objet de ces épreuves.

D'autre part, cette disposition de nos cours permet aux aspirants qui jugent leurs connaissances insuffisantes sur certaines questions, d'étudier uniquement le programme qui les intéresse.

Matières du programme. — Documents adressés aux élèves

1ʳᵉ *et* 2ᵉ *années.* — Langue française, algèbre, arithmétique, géométrie, physique, histoire naturelle, chimie, psychologie et pédagogie (1ʳᵉ année), sociologie et pédagogie (2ᵉ année), histoire, géographie, musique, dessin géométrique, dessin d'ornementation, matières à option: travaux manuels ou agricoles ou ménagers, gymnastique, langue vivante.

En **tout** pour chacune des 2 premières années, 168 plans d'étude, 324 sujets de composition, 24 exercices de solfège, 12 dessins géométriques, 12 dessins à vue et d'ornement, 12 progressions de gymnastique, 324 corrigés types.

3ᵉ *année.* — Langue française, mathématiques, hygiène, physique, chimie, matières à option (garçons), sciences appliquées à l'industrie, agriculture et sciences appliquées à l'agriculture, enseignement pratique ; jeunes filles : pédagogie des écoles maternelles, puériculture et hygiène et sciences appliquées, économie domestique, enseignement ménager, hygiène et sciences appliquées, philosophie scientifique et morale et pédagogie, histoire, musique, dessin géométrique, dessin d'ornementation, matières à option : travaux manuels, agricoles ou ménagers, gymnastique, langue vivante.

En tout, 132 plans d'études, 228 sujets de compositions, 24 exercices de solfège, 12 dessins géométriques, 12 dessins d'ornementation, 12 progressions de gymnastique, 228 corrigés types.

Pour les élèves qui le demandent, les plans d'étude et les questionnaires sont complétés ou remplacés, selon le cas, par des

instruments de travail complets

cours entièrement rédigés par les professeurs de l'Ecole ou volumes classiques choisis avec le plus grand soin parmi les plus récemment édités.

A côté de ces cours complets, l'*Ecole Universelle* a organisé depuis plusieurs années des

préparations spéciales aux divers examens.

Certificat d'études primaires élémentaires, — Bourses Nationales, — Brevet d'études primaires supérieures, — Brevet élémentaire et concours d'admission aux Ecoles normales primaires, — Brevet supérieur, — Bourses de 4ᵉ année dans les Ecoles, — Auxiliariat, — Certificat d'aptitude pédagogique, — Certificats d'aptitude aux divers professorats, — Certificat d'aptitude à l'Inspection des Ecoles primaires et à la direction des Ecoles normales, — Concours d'admission aux Ecoles normales supérieures de Saint-Cloud et de Fontenay-aux-Roses, — Concours d'admission à l'Ecole Normale de l'enseignement technique.

N.-B. — Il suffit d'indiquer à l'Ecole Universelle les classes déjà suivies par l'élève, le but vers lequel il se dirige, et le temps dont il dispose pour recevoir, par retour du courrier, des renseignements complets au sujet de la classe par laquelle il doit commencer ses études et du temps qu'il convient de consacrer à chaque classe. (Joindre un timbre pour l'affranchissement de la réponse.)

Ces préparations aux examens de l'enseignement primaire et primaire supérieur diffèrent des cours primaires du degré correspondant en ce qu'elles sont limitées aux matières qui font, à l'examen, l'objet de compositions écrites ou d'interrogations orales. Mais elles embrassent la *totalité du programme de l'examen* et ne laissent dans l'ombre aucune des questions que le candidat peut être appelé à traiter par écrit ou oralement.

Pour avoir des renseignements plus complets et le prix de chacun de ces enseignements, demandez à l'Ecole Universelle l'envoi gratuit de la

Brochure Nº 600 relative a l'Enseignement primaire et primaire supérieur.

Enseignement secondaire et supérieur

Nos Cours complets d'Enseignement secondaire

permettent à chacun de faire chez soi, sans déplacement et aux heures qui conviennent le mieux, toutes les études que l'on fait d'ordinaire dans les lycées, collèges et établissements privés d'enseignement secondaire.

Nos cours secondaires embrassent toutes les classes de l'enseignement officiel, depuis la sixième jusqu'aux classes du baccalauréat inclusivement et, dans chaque classe, la totalité des matières inscrites au programme.

L'expérience a montré que notre enseignement permet d'étudier avec profit certain, en une seule année, les matières dont se composent les programmes de plusieurs classes.

Chaque élève de nos cours secondaires se trouve, à la fin de ses études, dans la même situation que si, depuis la sixième jusqu'au baccalauréat inclus, il avait reçu les leçons particulières d'autant de professeurs que les programmes comportent de matières différentes.

L'efficacité de nos cours secondaires est établie d'une façon indiscutable par le succès de nos élèves aux divers examens du baccalauréat: chaque année nos élèves remportent des centaines de succès.

La puissante organisation de l'*Ecole Universelle* et l'importance de son personnel enseignant lui permettent d'adapter, dans le minimum de temps, son enseignement aux dispositions nouvelles qui pourraient modifier les programmes. Tous ses correspondants sont donc assurés de recevoir, en s'adressant à elle, un enseignement absolument conforme à l'esprit et à la lettre des programmes les plus récents.

Voici la liste de ses classes complètes d'enseignement secondaire, avec la nomenclature sommaire des documents que comporte chacune d'elles:

Matières du Programme. — Documents adressés aux élèves.

Sixième A. — Français, latin, langue vivante, histoire, géographie, mathématiques, sciences naturelles, dessin.
En tout 84 plans d'étude, 276 sujets à traiter, 276 corrigés types. (Plans détaillés ou sujets entièrement traités).

Sixième B. — Français, langue vivante, histoire, géographie, mathématiques, sciences naturelles, dessin.
En tout, 72 plans d'étude, 264 sujets de compositions, 264 corrigés types (plans détaillés ou sujets entièrement traités).

Cinquième A. — Français, latin, langue vivante, histoire, géographie, mathématiques, histoire naturelle, introduction à l'étude du grec, dessin.
En tout, 84 plans d'étude, 276 sujets à traiter, 276 corrigés types (plans détaillés ou sujets entièrement traités).

Cinquième B. — Français, langue vivante, histoire, géographie, mathématiques, histoire naturelle, dessin.
En tout, 72 plans d'étude, 264 sujets de compositions, 264 corrigés types (plans détaillés ou sujets entièrement traités).

Quatrième A. — Français, latin, grec, langue vivante, histoire, géographie, mathématiques, sciences naturelles, dessin.
En tout, 108 plans d'études, 324 sujets à traiter, 336 corrigés types (plans détaillés ou sujets entièrement traités).

Quatrième B. — Français, 1re langue vivante, 2e langue vivante, histoire, géographie, mathématiques, sciences naturelles, dessin.
En tout, 108 plans d'étude, 264 sujets à traiter, 264 corrigés types (plans détaillés ou sujets entièrement traités).

Troisième A. — Français, latin, grec, langue vivante, histoire, géographie, mathématiques, sciences naturelles, art, dessin.
En tout, 96 plans d'étude, 288 sujets à traiter, 312 corrigés types.

Troisième B. — Français, langue vivante, histoire, géographie, mathématiques, sciences naturelles, art, dessin.
En tout, 108 plans d'étude, 288 sujets à traiter 288 corrigés types (plans détaillés ou sujets entièrement traités).

Seconde A (latin-grec). — Français, latin, grec, langue vivante, histoire, géographie, mathématiques.
En tout, 84 plans d'étude, 282 sujets à traiter, 306 corrigés types (plans détaillés ou sujets entièrement traités).

Seconde B (latin-langues). — Français, latin, 1re langue vivante, 2e langue vivante, histoire, géographie, mathématiques.

En tout, 84 plans d'étude, 282 sujets à traiter, 294 corrigés types (plans détaillés ou sujets entièrement traités).

Seconde C (latin-sciences). — Français, latin, langue vivante, histoire, géographie, mathématiques, physique, chimie.

En tout, 96 plans d'étude, 282 sujets à traiter, 294 corrigés types (plans détaillés ou sujets entièrement traités).

Seconde D (sciences langues). — Français, 1re langue vivante, 2e langue vivante, histoire, géographie, mathématiques, physique, chimie.

En tout, 96 plans d'étude, 282 sujets à traiter, 282 corrigés types (plans détaillés ou sujets entièrement traités).

Première A (latin-grec). — Français, latin, grec, langue vivante, histoire, géographie, mathématiques.

En tout, 84 plans d'étude, 288 sujets à traiter, 312 corrigés types (plans détaillés ou sujets entièrement traités).

Première B (latin-langues). — Français, latin, 1re langue vivante, 2e langue vivante, histoire, géographie, mathématiques.

En tout, 84 plans d'étude, 288 sujets à traiter, 300 corrigés types (plans détaillés ou sujets entièrement traités).

Première C (latin-sciences). — Français, latin, langue vivante, histoire, géographie, mathématiques, physique, chimie.

En tout, 96 plans d'étude, 324 sujets à traiter, 336 corrigés types (plans détaillés ou sujets entièrement traités).

Première D (sciences-langues). — Français, 1re langue vivante, 2e langue vivante, histoire, géographie, mathématiques, physique, chimie.

En tout, 96 plans d'étude, 324 sujets à traiter, 324 corrigés types (plans détaillés ou sujets entièrement traités).

Classe de philosophie. — Philosophie et auteurs philosophiques, enseignement littéraire, histoire, géographie, langue vivante, cosmographie, physique, chimie, sciences naturelles.

En tout, 96 plans d'étude, 204 sujets à traiter, 104 corrigés types (plans détaillés ou sujets entièrement traités).

Classe de Mathématiques. — Philosophie, histoire, géographie, langue vivante, mathématiques, physique, chimie, sciences naturelles.

En tout, 96 plans d'étude, 252 sujets à traiter, 252 corrigés types (plans détaillés ou sujets entièrement traités).

Mathématiques spéciales. — Composition française, mathématiques, physique, chimie, dessin d'architecture et de machines, langue allemande.

En tout, 72 plans d'étude, 373 sujets à traiter, 299 corrigés types (plans détaillés ou sujets entièrement traités).

Pour les élèves qui le demandent, les plans d'étude et les questionnaires sont, suivant le cas, complétés ou remplacés par des

Instruments de travail complets

— Parallèlement à ses cours complets, l'*Ecole Universelle* a organisé depuis plusieurs années des

Cours secondaires de vacances

qui constituent un merveilleux exercice d'entraînement, spécialement destiné aux élèves qui désirent utiliser les loisirs des grandes vacances, et des

Préparations spéciales aux divers Baccalauréats

à l'intention des candidats qui, ayant échoué à une session, à l'écrit ou à l'oral, désirent réparer cet échec à la session suivante, — de ceux qui, ayant abandonné leurs études après la classe de seconde, désirent plus tard se préparer seuls, — de ceux qui jugent nécessaire de compléter l'enseignement collectif oral par un enseignement individuel par correspondance.

Ses préparations au Baccalauréat diffèrent de son enseignement secondaire par correspondance en général et plus particulièrement de ses classes de Première, Philosophie et Mathématiques, en ce qu'elles sont limitées aux matières qui font, à l'examen, l'objet de compositions écrites ou d'interrogations orales. Mais elles embrassent la *totalité du programme de l'examen* et ne laissent dans l'ombre aucune des questions que le candidat peut être appelé à traiter par écrit ou oralement.

— A l'intention des jeunes gens et jeunes filles qui, après avoir terminé leurs études secondaires, veulent obtenir l'un des

Diplômes de l'Enseignement supérieur

exigés pour aborder, soit les carrières libérales, soit les carrières de l'enseignement, soit certaines carrières administratives, l'*Ecole Universelle* a organisé des préparations par correspondance à la plupart des examens de l'enseignement supérieur:

A) *LETTRES*

— Concours d'admission à l'école normale supérieure et aux Bourses de licence (lettres).
— Agrégation de l'enseignement secondaire féminin (lettres).
— Certificat d'aptitude à l'enseignement des lettres dans les lycées de jeunes filles.
— Certificat d'aptitude à l'enseignement des langues vivantes dans les lycées et collèges.
— Certificat d'aptitude au professorat des classes primaires dans les lycées et collèges de jeunes filles.
— *Licence ès-lettres.*

I. — *Mention:* PHILOSOPHIE

a) Certificat d'histoire et de la philosophie.
b) Certificat de morale et sociologie.
c) Certificat de psychologie.
d) Certificat de philosophie générale et logique.

II. — *Mention:* LETTRES

a) Certificat de littérature française.
b) Certificat d'études grecques.
c) Certificat d'études latines.
d) Certificat de grammaire et de philologie.

III. — *Mention:* HISTOIRE ET GÉOGRAPHIE

a) Certificat d'histoire ancienne.
b) Certificat d'histoire du moyen âge.
c) Certificat d'histoire moderne et d'histoire contemporaine.
d) Certificat de géographie.

IV. — *Mention:* LANGUES VIVANTES

a) Certificat d'études littéraires classiques.
b) Certificat de littérature étrangère.
c) Certificat de philologie.
d) Certificat d'études pratiques.

B) *SCIENCES*

— Agrégation de l'enseignement secondaire féminin (mathématiques).
— Certificat d'aptitude à l'enseignement secondaire des jeunes filles, section des sciences.
— Concours d'admission à l'Ecole normale supérieure et aux bourses de licences (sciences).
— *Licences ès-sciences.*

a) Certificat d'études supérieures de mathématiques générales.
b) Certificat d'études supérieures de calcul différentiel et intégral.
c) Certificat d'études supérieures de mécanique rationnelle.

C) *DROIT*

a) *Préparation aux Examens*

Certificat de capacité (1ᵉʳ examen).
Certificat de capacité (2ᵉ examen).
Licence (1ʳᵉ année).
Licence (2ᵉ année).
Licence (3ᵉ année).

b) *Cours séparés*

La connaissance du droit est d'une utilité capitale pour nombre de professions: hommes politiques, journalistes, industriels, commerçants, agriculteurs, fonctionnaires de tout ordre, ont intérêt à connaître notre législation.

C'est ainsi par exemple qu'un commerçant ou industriel ne fera un bon juge consulaire que s'il est au courant du droit commercial et même du droit civil.

Cependant, tous ceux qui, soit faute de temps, soit faute du grade de bachelier, ne peuvent ou ne veulent suivre les cours d'une Faculté, et ceux qui, sans viser à l'obtention d'un diplôme, s'intéressent aux études juridiques, se trouvent généralement fort embarrassés pour entreprendre ces études, et risquent, en s'y adonnant sans le secours d'un guide expérimenté, de faire fausse route, d'acquérir des notions inexactes, ou encore de délaisser prématurément une étude dont l'aridité apparente les rebute.

C'est à ceux-là que s'adressent les *Cours de droit séparés* de *l'Ecole Universelle*. Conçus d'après une méthode qui a fait depuis longtemps ses preuves, ces cours comprennent, outre les matières enseignées dans les Facultés de Droit, un certain nombre d'autres cours plus spécialement utiles à telle ou telle profession.

Pour l'exposé détaillé de ses méthodes, la liste complète de ses cours et préparations d'enseignement secondaire et d'enseignement supérieur, le prix de chacun de ses cours et préparations, demandez à l'Ecole Universelle l'envoi gratuit de sa

BROCHURE Nº 618, RELATIVE A L'ENSEIGNEMENT SECONDAIRE ET SUPÉRIEUR.

Préparation aux grandes Ecoles

Les préparations de l'*Ecole Universelle* aux concours d'admission aux grandes Ecoles ont été établies par des comités composés d'universitaires (docteurs, agrégés, licenciés) et de *spécialistes, anciens élèves diplômés de ces Ecoles* et, par suite, parfaitement au courant des difficultés particulières à chaque concours et des exigences de chaque jury d'examen.

Alors que dans beaucoup d'établissements d'enseignement collectif oral, un même cours prépare à la fois à plusieurs Ecoles différentes, chacune de ses préparations est établie pour une seule Ecole.

Ces préparations sont d'ailleurs conçues d'après les mêmes méthodes que les préparations aux examens de l'enseignement primaire, secondaire et supérieur, dont l'efficacité est établie par les centaines de succès enregistrés chaque année.

LISTE DES PRINCIPALES PRÉPARATIONS AUX GRANDES ECOLES

I. — Agriculture.

**Institut national agronomique.
Ecole secondaire d'enseignement professionnel des Barres.
Ecoles nationales d'Agriculture.
Ecoles nationales vétérinaires.
Ecoles pratiques d'agriculture.
Ecole supérieure d'agriculture d'Angers.
Ecole nationale des Industries agricoles de Douai.
Ecoles nationales d'industrie laitière.
Institut agricole de Beauvais.
*Ecole nationale d'agriculture pour jeunes filles de Coëtlogon-Rennes.
Ecole d'horticulture de la Ville de Paris et du département de la Seine.
Ecole nationale d'Horticulture du Potager de Versailles.

II. — Industrie.

a) *Ecoles d'ingénieurs*

Ecole Polytechnique.
**Ecole Centrale des Arts et Manufactures (1re et 2e partie).
**Ecole supérieure d'Aéronautique et de Construction mécanique.
Ecoles nationales d'Arts et Métiers.
Ecole centrale lyonnaise.
Ecole des Ingénieurs de Marseille.
Institut industriel du Nord de la France (année préparatoire).
Institut industriel du Nord de la France (Section du Génie civil).
Ecoles libres d'Arts et Métiers.

b) *Industries électriques*

**Ecole supérieure d'Electricité de Paris.
**Institut Electrotechnique de Grenoble (section élémentaire).
**Institut Electrotechnique de Grenoble (section supérieure).
**Institut Electrotechnique et de Mécanique appliquée de Nancy.
Institut Electrotechnique de Lille.
Institut Electrotechnique et de Mécanique appliquée de Toulouse (cours préparatoire).
Institut Electrotechnique et de Mécanique appliquée de Toulouse (première année).
Institut Electrotechnique et de Mécanique appliquée de Toulouse (section spéciale).
Ecole d'Electricité et de Mécanique industrielle (cours préparatoire).
Ecole d'Electricité et de Mécanique industrielle (cours normal).

c) *Industries chimiques*

**Ecole municipale de Physique et de Chimie industrielles de la Ville de Paris.
**Institut de Chimie appliquée de Paris.
**Ecole de Chimie industrielle de Lyon.
**Instituts régionaux de Chimie.

---

* Les Ecoles dont le titre est précédé d'un astérisque ne sont ouvertes qu'aux jeunes filles.
** Les Ecoles dont le titre est précédé de deux astérisques sont ouvertes, dans les mêmes conditions, aux candidats des deux sexes.

Instituts de Chimie et de Technologie industrielle de Clermont-Ferrand.
Ecole supérieure de Chimie de la ville de Mulhouse.
Laboratoire de pétrole de l'Institut de Chimie de Strasbourg.

d) *Ecoles professionnelles*

Ecoles nationales professionnelles.
Ecole d'horlogerie de Paris.
Ecoles municipales professionnelles de la ville de Paris (Boulle, Diderot, Dorian).
**Ecole française de tannerie de Lyon.
Ecole française de papeterie de Grenoble.
Ecole coloniale d'apprentissage de Dellys (Alger).
Ecole de tissage, draperie et filature d'Elbeuf.
Ecole de tissage et de filature de Mulhouse.

III. — **Travaux publics et Mines**

Ecole nationale des Ponts et Chaussées.
Ecole supérieure des Mines.
Ecole nationale des Mines de Saint-Etienne.
Ecole des maîtres-mineurs d'Alais et de Douai.
Institut d'enseignement commercial supérieur de Strasbourg.

IV. — **Commerce.**

Ecole des Hautes Etudes commerciales.
Ecole supérieure pratique de Commerce et d'Industrie (premier cycle).
Ecole supérieure pratique de Commerce et d'Industrie (deuxième cycle).
Ecoles supérieures de Commerce.
*Ecole pratique de haut enseignement commercial pour les jeunes filles.
Institut d'enseignement commercial supérieur de Strasbourg.

V. — **Armée et Marine.**

a) *Armée de Terre*

Ecole Polytechnique.
Ecole spéciale militaire de Saint-Cyr.
Ecoles militaires de sous-officiers élèves officiers.
Ecole d'administration militaire de Vincennes.
Ecole des dessinateurs géographes du Service géographique de l'armée.
Ecole d'officiers et d'élèves-officiers de Gendarmerie de Versailles.

b) *Marine de Guerre*

Ecole Navale.
Ecole des élèves-officiers de Marine.
Ecole des élèves-officiers mécaniciens.
Ecole des mécaniciens des équipages de la Flotte.
Ecoles de sous-officiers de Marine: *a*) Ecole de Brest; *b*) Ecole de Toulon.
Ecole du Commissariat de la Marine.
Ecole d'Administration de Rochefort.

c) *Marine marchande*

Ecoles nationales de navigation maritime.
Ecoles nationales de navigation maritime (examen des bourses).
Ecole des apprentis mécaniciens de la marine.
Navire-Ecole de la Compagnie Générale Transatlantique, section préparatoire : officiers de pont.
Navire-Ecole de la Compagnie Générale Transatlantique, section préparatoire: officiers mécaniciens.

VI. — **Enseignement.**

Ecoles normales supérieures (section des sciences).
Ecoles normales supérieures (section des lettres).
**Ecole des Chartes.

Ecoles normales supérieures de Saint-Cloud et de Fontenay-aux-Roses (*).
**Ecole normale de l'enseignement technique.
**Ecoles normales primaires.
Ecole nationale des langues orientales vivantes.

VII. — Beaux-Arts.

**Ecole nationale des Beaux-Arts (section d'architecture).
**Ecoles nationales des Arts décoratifs de Paris et des départements.
Ecole de céramique de Sèvres.
Ecole municipale des Arts appliqués à l'Industrie.

VIII. — Colonies.

**Ecole coloniale.
Ecole coloniale d'agriculture de Tunis.
Institut agricole d'Algérie, à Maison-Carrée.
**Institut national d'agronomie coloniale, à Nogent-sur-Marne.
Institut agricole et colonial de l'Université de Nancy.

IX. — Assistance publique.

*Ecole d'accouchement de la Maternité.
*Ecole des infirmières de l'Assistance publique.

Pour être exactement renseigné sur les conditions d'admission aux grandes Ecoles, sur les programmes, la durée des études, etc..., ainsi que *sur les préparations spéciales de l'Ecole Universelle et sur le prix de chacune d'elles, demander l'envoi gratuit de sa*
BROCHURE N° 629 SPÉCIALE AUX GRANDES ECOLES.

Carrières de l'Industrie des Travaux Publics
et de l'Agriculture

Les sections techniques de *l'Ecole Universelle* ont pour objet de mettre à la disposition des chefs d'entreprise, dans toutes les branches de l'industrie, de l'Agriculture, des *Ingénieurs, Sous-Ingénieurs, conducteurs, dessinateurs, contremaîtres,* etc., pourvus d'une solide culture scientifique et technique.

L'enseignement technique de *l'Ecole Universelle est affranchi de la rigidité des programmes officiels* et débarrassé de toutes les matières superflues.

Il a été rationnellement organisé pour *répondre à tous les besoins de l'industrie,* de sorte que chaque élève, à la fin de ses études, est assuré de trouver sa place dans le vaste chantier de la France.

Il est conçu de manière à donner aux élèves, en même temps que les connaissances générales préparatoires et toutes les connaissances techniques utiles à l'exercice d'une profession déterminée, ce tour d'esprit nécessaire pour faire *servir les connaissances théoriques à la solution des difficultés pratiques.*

Si vous hésitez pour choisir une carrière dans l'industrie, adressez-vous au *Service de renseignements de l'Ecole Universelle,* auquel collaborent des professeurs et ingénieurs appartenant à toutes les branches de l'Industrie.

Si votre choix est arrêté, ne commencez pas vos études avant de savoir comment est organisé et comment fonctionne l'enseignement technique de *l'Ecole Universelle.*

Voici la liste des principales fonctions auxquelles préparent les sections techniques de *l'Ecole Universelle:*

---

* Les Ecoles dont le titre est précédé d'un astérisque ne sont ouvertes qu'aux jeunes filles.
** Les Ecoles dont le titre est précédé de deux astérisques sont ouvertes dans les mêmes conditions aux candidats des deux sexes.

FONCTIONS DU 1er DEGRÉ

(accessibles aux candidats pourvus d'une instruction primaire très élémentaire)

Contremaître monteur électricien.
Radiotélégraphiste.
Contremaître ajusteur-mécanicien.
Contremaître monteur-mécanicien.
Chef d'atelier de découpage et d'emboutissage des métaux.
Contremaître chaudronnier.
Contremaître fondeur.
Contremaître mécanicien d'automobile.
Contremaître mécanicien d'aviation.
Maître mineur.
Chef de chantier de travaux publics.
Chef de chantier de travaux du bâtiment.
Commis d'architecte.
Contremaître charpentier.
Contremaître menuisier.
Contremaître appareilleur.
Chef d'entreprise de peinture du bâtiment.
Métreur dans les diverses branches du bâtiment.
Métreur de travaux publics.
Aide-géomètre.
Préparateur chimiste.
Contremaître mécanicien frigoriste.
Assistant d'exploitation agricole.
Viticulteur ou assistant d'exploitation viticole.
Horticulteur ou assistant d'exploitation horticole.
Éleveur ou assistant d'exploitation d'élevage
Aviculteur ou assistant d'exploitation avicole.
Apiculteur.
Contremaître de laiterie, beurrerie, fromagerie.
Contremaître de sucrerie et distillerie.
Contremaître de meunerie et boulangerie.
Contremaître de féculerie, amidonnerie, glucoserie.
Contremaître de brasserie.
Mécanicien agricole.

FONCTIONS DU 2e DEGRÉ

(accessibles aux candidats pourvus d'une bonne instruction primaire élémentaire)

Conducteur électricien.
Chef de poste de T. S. F.
Conducteur mécanicien.
Conducteur mécanicien d'automobile.
Conducteur mécanicien d'aviation.
Conducteur de travaux des mines.
Conducteur de travaux publics.
Conducteur de travaux en béton armé.
Conducteur de travaux du bâtiment.
Dessinateur dans l'une des diverses branches de l'industrie.

FONCTIONS DU 3e DEGRÉ

(accessibles aux candidats pourvus d'une bonne instruction primaire supérieure)

Sous-ingénieur électricien.
Sous-ingénieur radiotélégraphiste.
Sous-ingénieur mécanicien.
Sous-ingénieur mécanicien d'automobile.
Sous-ingénieur mécanicien d'aviation.
Sous-ingénieur métallurgiste.
Sous-ingénieur de mines.
Sous-ingénieur d'exploitation pétrolifère.
Sous-ingénieur de travaux publics.
Sous-ingénieur architecte,
Sous-ingénieur de construction en béton armé.

Sous-ingénieur géomètre.
Chef de bureau de dessin.
Sous-ingénieur mécanicien frigoriste.
Chimiste.
Sous-ingénieur d'exploitation agricole.
Sous-ingénieur d'exploitation agricole coloniale.

Sous-ingénieur commercial.
- Mention électricité.
- Mention mécanique.
- Mention automobile.
- Mention aviation.
- Mention métallurgie.
- Mention chimie.

FONCTIONS DU 4ᵉ DEGRÉ

*(accessibles aux candidats possédant les connaissances
exigées pour le baccalauréat, 2ᵉ partie, mathématiques).*

Ingénieur électricien.
Ingénieur radiotélégraphiste.
Ingénieur mécanicien.
Ingénieur mécanicien d'automobile.
Ingénieur mécanicien d'aviation.
Ingénieur métallurgiste.
Ingénieur de mines.
Ingénieur d'exploitation pétrolifère.
Ingénieur de travaux publics.
Ingénieur architecte.
Ingénieur spécialiste de chauffage et ventilation.
Ingénieur spécialiste d'alimentation en eau et installlations sanitaires.
Ingénieur spécialiste de construction en béton armé.
Expert géomètre.
Ingénieur dessinateur.
Ingénieur chimiste.
Ingénieur mécanicien-frigoriste.
Ingénieur d'exploitation agricole.
Ingénieur d'exploitation agricole coloniale.

Ingénieur commercial.
- Mention électricité.
- Mention mécanique.
- Mention automobile.
- Mention aviation.
- Mention métallurgie.
- Mention chimie.

Administrateur rural.
Administrateur rural colonial.

Pour connaître le programme détaillé des cours que comprennent les diverses préparations de l'Ecole Universelle et le prix de chacune d'elles, demandez l'envoi gratuit de sa

Brochure Nº 635 relative aux Carrières de l'Industrie, des Travaux publics et de l'Agriculture.

Carrières du Commerce, de la Banque, de la Bourse, des Assurances, de l'Hôtellerie

Les jeunes gens et jeunes filles qui, au terme de leurs études primaires ou secondaires, désirent trouver dans le commerce une situation honorable et immédiatement lucrative et consacrer leur activité au développement économique du pays, peuvent, grâce à l'enseignement par correspondance de *l'Ecole Universelle*, acquérir, sans déplacement, dans le minimum de temps, avec le minimum de frais, tout en occupant dans une maison de commerce un emploi de début, les connaissances générales et professionnelles nécessaires pour s'assurer dans les affaires une brillante situation.

Pour réussir dans le commerce, deux conditions sont indispensables : savoir choisir sa voie et se préparer, par une éducation professionnelle appropriée, à rendre immédiatement des services dans le poste où l'on sera placé.

La nécessité d'organiser scientifiquement les entreprises a conduit à diviser entre de multiples agents, dont chacun est spécialisé dans une tâche déterminée, des fonctions qui étaient autrefois remplies par une seule personne. Il en résulte que, si l'on peut toujours parler de la *carrière commerciale*, on doit cependant tenir compte de ce fait que cette carrière comporte une *multiplicité de situations*, dont chacune requiert des aptitudes naturelles déterminées et une éducation professionnelle appropriée.

Tel qui a le goût des chiffres et qui se reconnaît des qualités d'ordre et de méthode, peut faire une brillante carrière dans les services de comptabilité, mais ne pourrait, faute d'esprit d'initiative, d'audace raisonnée, occuper avec bonheur le poste d'administrateur commercial.

Tel autre que son physique avenant, son élocution facile, son imagination féconde, son esprit prompt à s'assimiler des connaissances variées désignent tout naturellement pour devenir un excellent représentant de commerce, manque des qualités d'ordre, de méthode et peut-être de cette facilité à s'exprimer par écrit, qui sont nécessaires au succès dans les fonctions de secrétaire commercial.

Quel que soit son choix, le jeune homme ou la jeune fille qui se destine aux affaires doit se préoccuper d'acquérir les connaissances professionnelles nécessaires à l'exercice de ses futures fonctions. Pour pouvoir répondre à la question : « Que savez-vous faire ? » que lui posera infailliblement son futur patron, il doit compléter ses études générales par une éducation technique appropriée.

Jadis, le commerce s'apprenait par routine au magasin. Aujourd'hui, on a la prétention de former des commerçants sur les bancs d'une école. Conception erronée dans les deux cas : les procédés de pratique courante doivent s'étudier dans une maison de commerce et non à l'école, mais c'est à l'école seulement qu'on peut acquérir les idées et les principes sans lesquels ces procédés ne seraient que des gestes indéfiniment répétés sans jamais être compris ni systématisés.

Les Allemands avaient si bien compris cette nécessité, qu'ils avaient organisé des écoles dites de demi temps, où les élèves passaient une partie de la journée au magasin, l'autre dans les classes.

C'est un programme encore mieux compris que réalise l'*Ecole Universelle:* mettre à la portée de tous ceux qui sont déjà dans les affaires ou qui ont le désir d'y entrer, les moyens d'acquérir les connaissances nécessaires dans le commerce.

L'*Ecole Universelle* prépare notamment aux fonctions suivantes:

A. — Commerce.

Administrateur commercial.
Secrétaire commercial.
Commis de mandataire aux halles.
Attaché au contentieux.
Commerçant détaillant ou gérant de succursale.
Correspondancier.
Sténo-dactylographe.
Représentant de commerce.
Adjoint à la publicité.
Expert comptable.
Comptable (sans mention).
Comptable (avec mention d'une spécialité).
Teneur de livres.
Ingénieur commercial (*mentions: électricité, mécanique, automobile, aviation, chimie, métallurgie,* etc.).

B. — Colonies.

Agent de factoreries aux colonies.
Directeur de comptoir aux colonies.

C. — Banque et Bourse.

Commis de banque.
Attaché à la direction des banques.
Démarcheur.
Agent de change.
Fondé de pouvoir d'agent de change.

Commis principal d'agent de change.
Remisier.
Coulissier.

D. — Assurances

Employé et agent d'assurances.

E. — Industrie hôtelière.

Secrétaire-comptable d'hôtel.
Directeur-gérant d'hôtel.

Outre ses préparations complètes aux fonctions ci-dessus, *l'Ecole Universelle* donne également, sur un grand nombre de matières, des cours qui peuvent être suivis isolément.
Voici la liste de ces cours :

Commerce.
Correspondance commerciale.
Technologie des marchandises.
Géographie économique et commerciale.
Géographie coloniale.
Arithmétique et algèbre commerciales.
Opérations financières.
Théorie mathématique des assurances sur la vie et entreprises de capitalisation.
Cours élémentaire de comptabilité.
Comptabilité commerciale.
Comptabilité des établissements financiers.
Comptabilité des Sociétés de Commerce.
Comptabilité industrielle.
Comptabilités spéciales.
Comptabilité bancaire.
Economie et comptabilité agricoles.
Economie et comptabilité ménagères.
Economie et comptabilité hôtelières.
Comptabilité maritime.
Publicité.
Diplomatie commerciale appliquée à la représentation.
Organisation des bureaux modernes et méthodes de classement.
Organisation et administration des services industriels et commerciaux.
Cours élémentaire de banque.
Cours supérieur de banque.
Instruction pratique sur le bordereau d'escompte.
Méthode pour l'étude d'une affaire financière.
Change.
Usage des tables et des machines à calculer.
Technique des assurances.
Législation des assurances.
Organisation hôtelière.
Administration hôtelière.
Alimentation et boissons.
Législation commerciale des transports.
Exploitation commerciale des chemins de fer.
Langues vivantes (anglais, espagnol, italien, allemand).
Sténographie.
Dactylographie.
Ecriture.
Calligraphie.
Législation commerciale.
Législation commerciale maritime.
Notions de droit civil.
Législation fiscale.
Législation du travail et de la prévoyance sociale.
Economie politique.

Pour être exactement renseigné sur les programmes et les méthodes des sections commerciale et hôtelière de l'Ecole Universelle et sur les prix de ses préparations, demandez l'envoi gratuit de sa

BROCHURE N° 647 SPÉCIALE AUX CARRIÈRES DU COMMERCE.

Carrières administratives

Les jeunes gens et jeunes filles qui désirent faire leur carrière dans une grande administration ont un intérêt capital à commencer sans retard leur préparation au concours d'admission, de manière à n'être pas devancés par leurs concurrents éventuels. Une préparation méthodiquement conduite, sans à-coups et sans précipitation, donne seule la certitude du succès.

Ils doivent surtout, pour éviter toute perte de temps, toute fausse manœuvre qui les conduirait à un échec, et engendrerait le découragement, confier la direction de leur travail à des maîtres compétents et dévoués.

Ils n'en sauraient trouver de meilleurs que ceux de l'*Ecole Universelle*. Ce sont en effet des professeurs de l'Université et des fonctionnaires supérieurs des grandes administrations publiques, parfaitement au courant de l'interprétation des programmes, puisque beaucoup d'entre eux ont fait partie, à maintes reprises, des jurys d'examens.

La preuve indiscutable de leur compétence et de leur dévouement se trouve dans le nombre et la qualité des succès que remportent les candidats et candidates qui travaillent sous leur direction.

C'est par *milliers* que se comptent, dans le personnel des grandes administrations publiques et privées, les anciens élèves de l'*ECOLE UNIVERSELLE*. En **DEUX ANS** seulement, **CENT SIX** de ses élèves ont été admis avec le **NUMERO UN** à la suite d'examens ou concours auxquels prennent part les postulants et postulantes de la France entière.

Aucun autre établissement ne pourrait faire état de succès aussi nombreux ni aussi brillants, qui placent hors de pair le corps enseignant et les méthodes de l'*ECOLE UNIVERSELLE*.

Pour faire choix d'une situation dans les grandes administrations, *demandez l'envoi gratuit de la*

Brochure n° 653 relative aux Carrières administratives.

Carrière d'Officier de la Marine marchande

Il n'est pas nécessaire, pour entrer dans la marine marchande et y faire une brillante carrière, d'être fils de marin ou même d'avoir vécu dans le voisinage d'un port.

Les candidats aux divers brevets de la marine marchande peuvent subir l'examen avec les plus grandes chances de succès, après avoir suivi l'enseignement spécial par correspondance de *l'Ecole Universelle, placée sous le haut patronage de l'Etat et en particulier* sous le haut Patronage de M. le Sous-Secrétaire d'Etat de la Marine Marchande.

Les jeunes gens intelligents et actifs ont, grâce à l'enseignement de l'*Ecole Universelle,* accès aux situations toujours très avantageuses et souvent extrêmement brillantes d'officier de pont, d'officier mécanicien, de commissaire de la Marine Marchande.

Il convient d'insister sur ce fait que les futurs capitaines au long cours peuvent conquérir leur premier titre professionnel : diplôme d'élève-officier de la marine marchande sans avoir jamais navigué, sans être obligé d'abandonner la situation qui les fait vivre et, quelle que soit leur résidence, l'*Ecole Universelle* a organisé des préparations spéciales, rigoureusement adaptées aux programmes et aux exigences manifestées par les jurys d'examens pour les examens ci-après:

Brevets du Pont

Diplôme d'élève-officier de la marine marchande.
Brevet de lieutenant au long cours
Brevet de capitaine au long cours.
Brevet de capitaine de la marine marchande (examen de théorie, examen d'application),
Brevet de lieutenant au cabotage.
Diplôme de patron au bornage.

Brevets de Pêche

Brevet de patron de pêche.
Examen complémentaire de patron de pêche à capitaine de pêche.
Brevet de capitaine de pêche (examen de théorie, examen d'application).

Brevets de Mécanicien

Diplôme d'élève-officier mécanicien (examen de théorie, examen pratique).
Brevet d'officier mécanicien de première classe.
Brevet d'officier mécanicien de deuxième classe (examen de théorie, examen d'application).
Examen complémentaire pour les officiers mécaniciens de deuxième classe désirant passer officiers mécaniciens de première classe.
Brevets spéciaux pratiques.

Commissariat

Brevet de commissaire de la marine marchande.
Examen de commissaire des Messageries maritimes.

Brevets de Radiotélégraphiste

Radiotélégraphiste de bord (2° classe B, 2° classe A).
Radiotélégraphiste de bord (1re classe).
L'Ecole a également organisé des préparations spéciales aux concours en vue des fonctions de:
Administrateur de l'inscription maritime.
Chef de section de quatrième classe de l'inscription maritime.
Commis de 4e classe de l'inscription maritime.
Pour être exactement renseigné sur les situations d'officier de pont, d'officier mécanicien, de commissaire de la Marine marchande, etc., et sur les méthodes d'enseignement de *l'Ecole Universelle* pour les examens de la Marine marchande, demandez la

BROCHURE N° 662 SPÉCIALE A LA MARINE MARCHANDE.

Cours pratiques de Langues vivantes

(Anglais, Allemand, Arabe, Italien, Espagnol, Portugais, Esperanto)

Les *Cours pratiques* de l'*Ecole Universelle* procurent à tous le moyen d'acquérir, chez eux, sans déplacement, par quelques minutes de travail quotidien et pour une dépense modique, une solide connaissance des langues étrangères, connaissance rationnelle, utilisable après quelques semaines d'étude.

Nos cours s'adressent aux personnes de tout âge, enfants, jeunes gens et adultes, à tous ceux qui considèrent soit comme une nécessité, soit comme un simple ornement de l'esprit, la connaissance des langues étrangères.

A ceux qui veulent se tenir au courant du mouvement politique, économique et social, aux ingénieurs, commerçants, etc., qui veulent s'informer des techniques nouvelles, nos cours fournissent le moyen de se documenter directement par la lecture des journaux et des ouvrages contemporains.

A ceux qui se proposent de voyager à l'étranger, ils permettent d'une part d'acquérir les connaissances linguistiques nécessaires pour se faire comprendre dans toutes les circonstances de leur séjour, d'autre part de s'initier à la vie pratique des autres nations.

Aux élèves des lycées, collèges et écoles, ils donnent la possibilité d'apprendre très rapidement une langue supplémentaire et de se placer parmi les meilleurs élèves de la classe qu'ils suivent déjà.

A ceux qui se destinent au commerce en France ou à l'étranger, les *Cours pratiques commerciaux de langues vivantes* de l'*Ecole Universelle* enseignent en peu de temps à traduire et à rédiger la correspondance commerciale, à converser dans la langue spéciale aux affaires, à établir et à utiliser les documents commerciaux en usage dans les pays étrangers.

Nos cours comprennent trois parties pour chaque langue: 1° Le *Cours pratique élémentaire;* 2° Le *Cours pratique supérieur;* 3° Le *Cours pratique commercial.* Pour l'anglais, nous avons organisé en outre un « *Cours pratique d'anglais maritime* ».

A nos cours de langues vivantes, s'ajoute notre cours d'*Esperanto,* qui vient heureusement en compléter le cycle. L'esperanto, destiné exclusivement aux relations internationales, est extrêmement utile à tous ceux qui désirent se mettre en rapport avec des personnes dont ils ne connaissent pas la langue. L'association espérantiste compte en effet des délégués, qui peuvent servir de guides et d'interprètes, dans un millier de villes du monde.

Notre enseignement étant essentiellement individuel, l'élève peut aborder l'un quelconque de nos cours à n'importe quelle époque de l'année et en fixer la durée à son gré, selon le temps dont il dispose chaque jour et selon la rapidité de ses progrès.

L'expérience a montré qu'un élève qui travaille peu de temps à la fois, mais souvent et régulièrement, à raison de *deux quarts d'heure par jour,* par exemple, et qui profite, en outre, des nombreuses minutes « creuses » ou perdues de la journée pour répéter méthodiquement les notions acquises, peut en *trois mois,* s'assimiler parfaitement l'un de nos cours.

Dans ces conditions, *six mois suffisent* à une personne qui ignore complètement une langue étrangère, pour en acquérir une connaissance approfondie, en suivant:

> soit le *Cours élémentaire puis le Cours supérieur,*
> soit le *Cours élémentaire puis le Cours commercial.*

A qui aborde successivement les trois cours, huit mois suffisent, à raison d'une demi-heure de travail quotidien.

Pour avoir sur nos *Cours* de *Langues vivantes* des renseignements plus détaillés, demande* l'envoi gratuit et franco de la BROCHURE N° 671.

Orthographe, Rédaction, Rédaction épistolaire, Calcul, Calcul extra-rapide, Ecriture, Calligraphie, Dessin

Pour faire son chemin dans la vie ou simplement pour ne point faire figure d'ignorant, il est indispensable à tout le monde

> de connaître l'orthographe,
>
> de rédiger correctement,
>
> de savoir composer une lettre,
>
> de calculer vite et sans erreur,
>
> d'écrire lisiblement,
>
> de savoir dessiner.

Combien de personnes déplorent les lacunes que présente à cet égard leur instruction et regrettent de n'être plus « à l'âge où l'on peut encore faire ses études ! »

Qu'elles sachent donc que, grâce à l'enseignement par correspondance de l'*Ecole Universelle,* on peut, *à tout âge et dans toute situation,* apprendre facilement l'*Orthographe,* la *Rédaction,* la *Rédaction épistolaire,* le *Calcul,* la *Calligraphie,* le *Dessin,* moyennant une heure par jour de travail attrayant, pendant quelques semaines.

Il est donc au pouvoir de chacun d'améliorer son instruction, et par suite sa situation, sans sortir de chez soi, en poursuivant d'autres études ou en exerçant une profession et même, si on le juge utile, sans que personne le sache, attendu que, sur simple demande, les envois de l'*Ecole Universelle* sont faits sans aucune marque extérieure.

C'est un devoir impérieux pour les parents de faire acquérir à leurs enfants ces connaissances fondamentales, indispensables dans toutes les situations.

C'est une *nécessité absolue pour les adultes* de combler les lacunes de leur instruction première ou de se remémorer ce qu'ils ont pu oublier de ces connaissances fondamentales,

Pour avoir, sur nos *Cours pratiques d'Orthographe*, de *Rédaction*, de *Rédaction épistolaire*, de *Calcul*, de *Calcul extra-rapide*, d'*Ecriture*, de *Calligraphie*, de *Dessin*, des renseignements détaillés, demandez l'envoi gratuit de la

BROCHURE N° 680.

Enseignement Musical

L'enseignement musical de l'*Ecole Universelle* s'adresse à toutes les personnes qui, par goût ou par nécessité professionnelle, désirent acquérir une culture musicale complète ou approfondir sur certains points celle qu'elles possèdent déjà.

Cet enseignement constitue un ensemble complet.

A. MUSIQUE INSTRUMENTALE

Nos cours de *piano*

et de *violon*

permettent une étude approfondie des instruments les plus flatteurs, les plus appréciés et les plus demandés.

Ils comportent chacun trois degrés où la difficulté est méthodiquement graduée. C'est pourquoi ils conviennent non seulement aux débutants de tous âges, mais aux musiciens déjà formés qui recherchent dans la musique, soit des joies artistiques, soit des ressources matérielles qui peuvent être considérables.

B. MUSIQUE THÉORIQUE

Les *Cours de Solfège* sont destinés à toutes les personnes qui désirent aborder l'étude d'un instrument ou du chant, combler les lacunes de leur éducation, préparer un examen dont le programme comporte du solfège.

Le *Cours de Chant grégorien* et le *Cours de Transposition* sont indispensables à tous ceux qui veulent poursuivre des études supérieures de musique.

Les *Cours d'Harmonie* conviennent à tous les amateurs, à tous les professionnels qui désirent se livrer à la composition, goûter pleinement le œuvres des maîtres, perfectionner leur culture en vue des concours d'entrée au Conservatoire, de la licence ès-lettres (certificat d'histoire de la musique), des professorats et des examens de chef ou sous-chef de musique.

Les *Cours de Contre-point,*
de *Fugue,*
de *Composition,*
d'*Instrumentation* et d'*Orchestration,*

sont indispensables à tous les musiciens de carrière, aux compositeurs, aux directeurs de sociétés musicales, aux chefs d'orchestre.

PROFESSORATS DE MUSIQUE

Les personnes se destinant à l'enseignement de l'Etat ou à l'enseignement privé ont le plus grand avantage à posséder les Certificats d'aptitude à l'enseignement de la musique, délivrés après concours par l'Etat et la Ville de Paris :

Certificat d'aptitude à l'enseignement du chant et de la musique dans les Ecoles normales et les Ecoles primaires supérieures (degré élémentaire et degré supérieur);

Certificat d'aptitude à l'enseignement du chant dans les écoles de la Ville de Paris (degré unique).

L'enseignement musical par correspondance de l'*Ecole Universelle* n'a nulle part son équivalent. Les plus hautes personnalités du monde musical contemporain ont apprécié, dans les termes les plus élogieux, les services qu'il peut rendre. Des sommités de la musique française lui ont donné leur approbation et leurs encouragements.

L'*Ecole Universelle* est le seul établissement qui jouisse du prestige nécessaire pour avoir pu s'assurer le concours d'un corps enseignant d'élite constitué par des maîtres éminents, pourvus des titres les plus élevés, tels que Grand Prix de Rome et Membre du Jury du Conservatoire National. Les élèves peuvent subir en fin d'études les épreuves d'examens à la suite desquels sont délivrés des prix et des accessits constitués par des diplômes qui peuvent rendre de précieux services à leurs titulaires.

Pour avoir sur nos *Cours de musique* des renseignements détaillés, demandez l'envoi gratuit de la BROCHURE N° 697.

Carrières de Dessinateur, Décorateur, Professeur de dessin

Notre enseignement artistique est destiné à tous les jeunes gens, à toutes les jeunes filles, à tous les adultes qui désirent s'assurer la joie profonde de s'exprimer dans cette langue universelle qu'est le dessin, de fixer par le trait les scènes de la nature et de la vie, afin de conserver un souvenir durable d'impressions fugitives. Comme il est dirigé par des maîtres expérimentés, il permet aux élèves, au moyen d'un effort minime, de devenir, selon leur goût, des professionnels dans l'illustration d'ouvrages, de publications, des peintres d'affiches, des dessinateurs de publicité ou de mode, des décorateurs dans toutes les branches de l'art, ou des professeurs de dessin.

Il constitue un cycle entièrement complet et approfondi. Chaque cours s'adresse d'ailleurs à une catégorie spéciale d'élèves.

Le *Cours pratique de Dessin* est destiné à tous les débutants, à tous ceux qui veulent dans la vie courante, utiliser pratiquement la connaissance du dessin.

Notre *Cours d'Anatomie artistique* est indispensable à tous ceux qui désirent faire une étude poussée du portrait, de la statuaire, et du dessin d'art.

Notre *Cours de Dessin d'illustration* intéresse tous ceux qui désirent exprimer par des traits leurs idées et leurs impressions devant la nature et la vie ou qui veulent tirer profit de la vente de leurs croquis.

Notre *Cours de Dessin de Figurines de Mode* est destiné à toutes les personnes qui apprécient les charmes de la mode et qui désirent exercer l'art rémunérateur qu'est le dessin pour publications de mode ou pour catalogues des grands magasins.

Le *Cours d'Histoire de l'Art* (antiquité, temps modernes, époque contemporaine) convient à tous ceux qui considèrent que le talent des maîtres des époques antérieures constitue une source de développement et d'inspiration artistiques.

Le *Cours de Composition décorative* est indispensable à tous les artistes qu'intéresse la décoration des tissus, du papier, du bois, des métaux, ainsi que l'art des céramistes et des verriers.

Le programme de notre *Cours d'Aquarelle* permet une étude approfondie de tous les genres, depuis les natures mortes, les paysages, les marines, jusqu'au portrait. La délicatesse de l'aquarelle n'exclut pas la puissance et la vigueur. Son étude captivante, qui charme à la fois les jeunes filles, les jeunes gens, les adultes, peut devenir très lucrative, si l'artiste tient à retirer un profit matériel de son travail.

Le *Cours de Travaux d'Agrément et d'Art féminins* convient aux jeunes filles et aux dames qui doivent satisfaire à peu de frais aux exigences de la toilette. Il convient également à tous les chefs d'entreprises de décoration, aux dessinateurs et dessinatrices de figurines de mode.

Le *Cours de Lithographie et de Gravure* expose d'une façon extrêmement approfondie les divers procédés qui permettent de reproduire les œuvres originales. Il constitue un excellent apprentissage pour toutes les personnes qui désirent se créer dans la lithographie ou la gravure une situation très bien rémunérée.

Le *Cours de Peinture à l'huile* permet aux jeunes artistes d'exprimer les splendeurs de la nature. Son étude captivante intéresse à la fois les jeunes gens qui ont le goût du dessin et de la couleur et les professionnels qui, sachant que leur art est extrêmement vaste, ne veulent en ignorer aucun secret.

Nos préparations aux Professorats de Dessin conviennent aux personnes qui veulent s'assurer une situation officielle dans les établissements publics, ou enseigner, pour leur compte personnel ou dans les académies privées.

Nous donnons ci-dessous la liste des divers professorats auxquels prépare l'*Ecole Universelle*:

Certificat d'aptitude à l'enseignement du dessin (premier degré).
Certificat d'aptitude à l'enseignement du dessin (degré supérieur).
Certificat d'aptitude à l'enseignement de la composition décorative.
Certificat d'aptitude à l'enseignement du dessin à vue dans les écoles de la Ville de Paris.
Professorat libre de dessin.

Nos préparations complètes aux métiers d'art permettent à chacun de se préparer parfaitement aux fonctions de

> **Directeur ou chef d'entreprise de décoration artistique,**
> **Chef d'atelier de décoration artistique,**
> **Dessinateur ou dessinatrice de publicité,**
> **Dessinateur ou dessinatrice sur étoffes,**
> **Illustrateur,**
> **Décorateur ou décoratrice céramiste,**
> **Décorateur ou décoratrice d'Intérieurs et d'Ameublement,**
> **Dessinateur ou dessinatrice de figurines de mode,**
> **Peintre aquarelliste.**

Des diplômes correspondant à ces fonctions peuvent être délivrés aux élèves après des examens dont les épreuves sont subies à Paris.

Pour avoir sur nos *Cours de dessin d'art* et nos préparations des renseignements détaillés, demandez l'envoi gratuit de la

BROCHURE N° 698, SPÉCIALE A L'ENSEIGNEMENT DU DESSIN.

Couture

La Couture ouvre un grand nombre de carrières essentiellement féminines et fort intéressantes pour toutes les jeunes filles et les dames. Sans parler des fonctions domestiques qui, à la ville comme à la campagne assurent cependant aux femmes de chambre sachant bien coudre des salaires appréciables, une couturière avisée peut, dans les petits bourgs comme dans les grands centres, se créer rapidement une situation rémunératrice.

La *Préparation à l'emploi de Petite Main* permet aux jeunes filles âgées de 13 à 16 ans de s'instruire tout en s'assurant un salaire intéressant. Il présente de très sérieux avantages pour les personnes qui cesseront plus tard de travailler, car il leur permet d'acquérir de précieuses connaissances en couture qui leur seront utiles pendant toute leur vie.

La *Préparation à l'emploi de Seconde Main* donne le moyen de vaincre toutes les difficultés que peuvent présenter les points. Elle est extrêmement utile aux personnes qui désirent faire des études complètes de couture et apprendre par la suite les méthodes d'assemblage des pièces toutes taillées.

La *Préparation à l'emploi de Première main* est constituée de cours distincts pour chaque spécialité et permet de former des professionnelles connaissant à fond leur métier. Cette préparation donne aussi aux dames et aux jeunes filles qui veulent coudre pour leurs besoins personnels, un savoir véritable et une expérience étendue.

Les *Préparations à l'emploi de Vendeuse et de Vendeuse-Retoucheuse* permettent aux jeunes femmes adroites et possédant un sens psychologique développé de se créer des situations toujours fort intéressantes et bien rémunérées.

La *Préparation à l'emploi de Représentante de Maison de Couture* offre aux personnes qui ont suivi ce cours la possibilité de se créer des situations extrêmement rémunératrices et fort indépendantes.

Notre Préparation au Professorat de Travail Manuel et de Couture dans les écoles normales, écoles primaires supérieures, lycées et collèges convient aux personnes qui veulent enseigner dans les établissements publics ou privés.

Pour avoir sur nos *Cours de couture* et nos préparations des renseignements détaillés, demandez l'envoi gratuit de la

BROCHURE N° 866, SPÉCIALE A L'ENSEIGNEMENT DE LA COUTURE.

ÉCOLE UNIVERSELLE,

59, Boulevard Exelmans (Paris-XVIᵉ)